[日] 中岛志保 著

吕静文 译

点心来了

中岛老师的美味手帖

中国友谊出版公司

序言

　　本书所说的点心不是"糕点（お菓子）"，而是"小吃（おやつ）"[1]。我喜欢"点心"这个词散发出来的温暖朴素的气息。即便在那些忙得不可开交的日子里，只要听到"点心来了"，我的紧张感马上就消失得无影无踪。

　　小时候，我家经营着一爿小店，妈妈一直忙于店里的生意，偶尔会忙里偷闲给我们做点心，我和姐姐每次都抢着吃。回想起来，那真是一种特别的感觉，无比开心。就这样，妈妈给我们做的点心，附近糕点店里售卖的不起眼的点心，还有我长大以后喜欢上的各种点心，逐渐形成了我关于点心的记忆，而我现在的味觉，也离不开那些记忆。

　　后来，我成了一名职业料理人。不过，我做家常点心的时候往往没什么讲究，经常兴致一来就开始做了。当我想吃加了黄油和鲜奶油的点心或冰甜点时，都会按照自己的想法自由发挥，然后再和别人一起分享（当然自己一个人吃也没有问题）。每当他们吃完后拜托我"下次还给我做吧"，我就特别开心。对我而言，这是一段无可替代的美

1　"お菓子"和"おやつ"二者在日语中同为点心，但涵盖面和侧重点有所不同。"お菓子"是指除了一日三餐以外的糖果、馒头等零食的总称，多为甜食，"おやつ"往往还包括水果等。另外"おやつ"通常指午后间食，侧重于两餐之间吃的不影响下顿正餐食欲的零食，也泛指一天中任何时间吃的零食。中岛老师曾在一篇关于本书的采访中解释过，"おやつ"是指两餐之间吃的零食，比如说晚饭前吃的小零食，吃完也不影响吃晚饭。她要教给大家的不是作为商品出售的"お菓子"，而是家常的点心"おやつ"。

好时光。

这本书向大家介绍的就是上面说的我平时吃的家常点心。人们总是认为，做点心不同于做饭，是一件需要特别用心的事情。但是本书中介绍的点心，不需要大家铆足劲儿去准备复杂的材料，仅仅利用身边现有的材料，就可以轻松愉快地做出来。通过这本书，我想让大家体会到做点心其实只是做料理的某种延伸。

在我看来，做点心时，做得开心才是最重要的，哪怕做出来的点心卖相不太好或者一不小心烤煳了，也没有关系。随着反复试做，每个家庭都会形成独特的味觉。如果大家可以参照本书做出更多的点心，让做点心和吃点心成为每个家庭的日常乐趣，我将不胜感激。

目录

记忆中儿时深爱的点心

忍不住去做的面点

爽滑诱人的饭后甜点

灵光一现就能马上做出来的快手点心

饮品当点心主角

《点心来了》失败百科　76

做出美味点心的四个要诀

1 准备工作很重要

提前备好材料，称重备用，以防做点心的过程被打断，保证操作顺利进行。

2 初学者最好完全按照食谱操作

首次制作时，最好完全按照食谱，这样就能明白如何调整味道和制作顺序以做出自己喜欢的口味。第二次制作时，就可以根据自家厨房的具体情况对食谱进行创新。通常，一大匙 =15ml，一小匙 =5ml，一杯 =200ml。鸡蛋一般是 M 号，黄油则选用有盐黄油。

3 摸透自家烤箱的脾气

一般来说，电烤箱才会显示温度和时间。由于不同的烤箱导热方式存在差异，所以使用的时候请适当调整食谱中推荐的烤制温度和时间。

4 失败是成功之母

我在每个食谱中都介绍了一些小窍门。如果大家仍然对食谱中的术语抱有疑问，或者试做以后仍然感觉奇怪的话，请参考 76 页的《点心来了》失败百科。此外，76 页也介绍了失败百科的使用方法。

顺便提一下……

本书中介绍的都是制作时间约 15 分钟（不含烘焙时间）的简单的点心。建议大家在醒面、冷却的时候，洗个澡或者看个书，轻松地度过这段等待的时间。

记忆中儿时深爱的点心

　　儿时关于点心的记忆，我一刻也不曾忘记。现在，我选择用菜籽油和黄糖代替用量不小的黄油和白砂糖。做点心时，我总是想起那时做点心经常失败却又乐在其中的经历，它将一直陪伴着我的点心事业。

香蕉卷

材料（2个的量）

点心坯
┌ 鸡蛋……1个
│ 黄糖……2 大匙
└ 低筋面粉……3 大匙

奶油
┌ 鲜奶油……50ml（1/4 杯）
└ 黄糖……1/2 大匙

香蕉……1 根

准备工作

· 提前准备好隔水加热所需的热水（50 ~ 60℃）。
· 烹调纸裁成两块 15cm×15cm 的正方形。
· 用餐布包裹锅盖，预热蒸锅。
· 提前在冰箱冷冻室冻好冰块。

做法

1 把鸡蛋和黄糖放入盆中，一边隔水加热一边用电动打蛋器搅打。加热至与体温差不多时从热水中取出蛋液，继续搅打至提起打蛋器时蛋液痕迹不会消失的程度即可（图1）。基本上 3 ~ 5 分钟就可以打出这种状态。

2 加入低筋面粉，用橡皮刮刀从下往上刮拌。注意尽量快速搅拌以防消泡，搅拌至看不到面粉颗粒为止。

3 将一半蛋液倒在烹调纸上，平摊成直径约 12cm（手掌大小）的圆形。然后放到已经冒气的蒸锅中，小火蒸 3 分钟后取出。（小火是避免消泡的关键。）然后把竹签插到蛋糕坯中间，拔出竹签时没有带出黏糊糊的东西就完成了。

4 打发奶油。将鲜奶油和黄糖放入盆中，然后将盆放到另外一个加了冰水的容器中，边冷却边打发。打发至提起打蛋器后奶油的角像鞠躬一样轻微下垂就可以了。

5 香蕉按个人喜好切好，然后将奶油和香蕉夹到晾凉的蛋糕坯上。

搅打成这种状态。

（图1）

这是妈妈第一次给我做的西式点心。它好吃到我为了悄悄舔掉盆上粘的奶油，抢在所有人的前面主动清洗了餐具。

鸡蛋的打发程度很难掌握，刚开始可能不太习惯。所以打发鸡蛋的时候，尽量把鸡蛋打发到不能再打的程度。这样蛋液蒸好以后，即使放凉了也会非常软糯。香蕉卷这就做好了。

鸡蛋玛德琳

材料（直径 5cm 的铝制模具 10 个）

黄油……30g

菜籽油……2 大匙

A
┌ 鸡蛋……2 个
│ 黄糖……60g
│ 柠檬皮碎……1/2 个
└ 蜂蜜……1 小匙

低筋面粉……70g

泡打粉……1/2 小匙

准备工作

· 烤箱 180℃预热。

做法

1　将黄油和菜籽油放到锅里，小火加热，轻轻晃动使黄油化开。

2　将 A 中的材料放至搅拌盆中，用打蛋器充分搅匀（不用打发，把糖和蜂蜜完全融合到一起即可）。

3　将低筋面粉和泡打粉一起筛入盆中，充分搅匀，直至没有面粉颗粒。

4　放入 1 中的油，用橡皮刮刀从底部往上搅拌蛋糕糊，直至顺滑（如果将蛋糕糊放到冰箱冷藏室冷却一小时，成品的味道会更加香甜）。

5　把蛋糕糊倒入模具至七成满，烤箱 180℃烤 12 ~ 14 分钟。将竹签插到蛋糕坯中，拔出竹签时没有带出黏糊糊的东西就成功了。

晾凉至微热
时最好吃！

老家的佛龛前经常供奉着点心。要是里面有我想吃的点心的话，我就会厚着脸皮央求爷爷同意让我吃掉。如果哪天佛龛前出现装玛德琳的盒子，我就更高兴了。

自己做玛德琳的时候，为了使口感清淡，我一般会加些菜籽油进去。鸡蛋的味道是玛德琳的灵魂，所以一定要选用味道好的鸡蛋来做。

太妃糖项链

材料（约 30 个的量）

黄油……40g　　蜂蜜……2 大匙
黄糖……120g　　鲜奶油……200ml

准备工作

· 提前将烹调纸铺在方形平底盘中（也可以使用其他耐热的容器
　或饭盒，大约 15cm×20cm）。
· 提前在冰箱冷冻室中冻好冰块。

做法

1　把所有材料放入锅中，小火加热，摇晃使糖溶化。

2　糖溶化煮沸以后，用橡皮刮刀不停搅拌，熬出水分。6～8 分钟后原料就可以从锅
　　的内壁上剥落下来了（图1）。当原料减少至原来一半的量时关火，滴一滴到盛了
　　冰水的杯子中。摸一下，如果软软的、凝固得很好就完成了，如果还会流动，那
　　就需要再熬一会儿。然后再用同样的方法在冰水中测试。

3　将熬好的糖倒入方形平底盘中，余热散去后放到冰箱冷藏室中，至少冷却一小时。
　　冷却至可以切动的程度后取出，然后切割成自己喜欢的形状。

突然膨胀起来的话，
就应该开始把液体往
中间聚拢了。

（图1）

【附赠】扁桃仁太妃糖
扁桃仁 100g（生的无盐扁桃仁）放入煎锅，小火炒出香味，切碎备用。步骤 2 中
液体熬干的时候放入切碎的扁桃仁搅拌均匀，然后按照同样的方法倒入方形平底
盘中。

【包装】
用糯米纸或油纸把太妃糖一个一个卷好，再用玻璃纸包好，这时的太妃糖看起来
非常可爱。

　　姐姐从小就是那种干什么都容易着迷的性格。有一天姐姐突然做了手工拉面，全家人都大为震惊。从那以后姐姐便在厨艺方面一发不可收了。我还记得有一次姐姐做了我最爱吃的太妃糖，那种柔软的口感简直把我迷得神魂颠倒。

　　其实我们只需要一口锅，简单煮煮就行了。不过稍不留神就容易煮煳，所以做的过程中如果想休息一会儿的话，先把火关掉。由于太妃糖易化，所以注意不要把它放在温暖的地方。

出类拔萃的松饼

材料（4 个的量）

鸡蛋……1 个
黄糖……2 大匙
原味酸奶……50ml
牛奶（豆浆）……100ml
菜籽油……1 大匙

A ┌ 低筋面粉……120g
  │ 泡打粉……2 小匙
  └ 盐……一小撮

黄油、枫糖浆……各适量

做法

1 将鸡蛋在盆里打散，然后依次放入黄糖、酸奶、牛奶和菜籽油，每次都用打蛋器充分搅拌。

2 混合 A 中的材料，筛入 1 中，迅速搅拌。过度搅拌会导致松饼不易膨胀，口感也会变硬，所以只需搅拌至可以看到一点干粉的状态（总之，千万不要过度搅拌！）。

3 中火加热煎锅，锅内刷上一层薄薄的菜籽油（材料以外），取一勺量的蛋糕糊倒入锅中，摊成两倍大小。

4 中火煎 3 ~ 4 分钟，表面冒泡后翻面，然后盖上锅盖继续煎至上色（注意不要用铲子使劲按压，以免影响暄软的口感）。将竹签插到松饼中间，拔出竹签时没有带出黏糊糊的东西就完成了。

5 趁热加上黄油和枫糖浆。

步骤 2 中，当你开始觉得"这样就可以了吗？"的时候就赶紧停下来，这就是入口绵软的小秘密。一旦开始吃就停不下来哦~

这款松饼是以前姐姐和我在学校午休时间经常做的。虽然没有卖相，偶尔还做得半生不熟，但是那种盼着赶紧煎好的心情，既迫不及待也很快乐。由于只需要搅拌和煎烤，所以就算是忙碌的早晨我也能轻松做出来。

秘诀就是一定不要过度搅拌面粉。当你还想继续搅拌的时候，要果断控制住，这样才能做出松软可口又筋道的松饼。这可是一款一不小心就容易多吃几块的危险点心哦！

香烤甘薯泥

材料（大约 10 个的量）

甘薯……1 大个（约重 400g）

A
- 黄糖……2 大匙
- 黄油……20g
- 肉桂……少量
- 蛋黄……1 个

牛奶（或豆浆）……2 大匙

上色用蛋黄……1 个
水……1 小匙

准备工作

· 烤箱预热 200℃。
· 将上色用的蛋黄加水搅拌均匀。

做法

1　洗净甘薯，用锡纸松松地包裹住，放入烤箱，180℃烤 60 ~ 80 分钟。将竹签插入甘薯中，如果可以轻松扎穿就完成了。

2　趁热去皮，放入盆中，用叉子、捣碎器或擀杖等捣至看不到大块。

3　倒入 A 中的材料，用刮刀充分搅拌使黄油软化，再一点一点倒入牛奶。然后用铲子取少许甘薯泥，如果不会立刻滑落，就说明已经搅拌得软硬适中了（图 1）。尝一下味道，还不够甜的话，再适当加入一些糖（分量外的）。如果太软，可以重新放到锅里，小火加热，用铲子搅拌以蒸发水分。

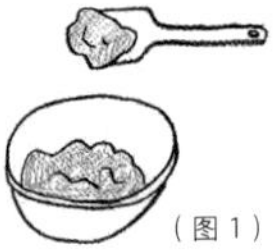

（图 1）

4　烤箱 200℃预热。

5　甘薯泥的余热散去后，将乒乓球大小（大约 2 大勺）的甘薯泥刮到保鲜膜上，用毛巾拧成圆形。然后去掉保鲜膜，取出甘薯团子放到烹调纸上，用手指蘸上色用的蛋黄液涂抹表面。

6　烤箱 200℃烤制 15 分钟，等到表面上色就可以出炉了。如果中途发现有烤煳的趋势，就取一张锡纸盖在上面。

步骤 3 中如果甘薯泥太稀软的话，可以直接放到烤盘里用烤箱烤，同样美味哦！

　　第一次吃烤甘薯泥的时候我很惊讶，没想到它竟然真的有甘薯的味道。（小时候附近糕点店里卖的甘薯形状的点心，往往都是在白豆沙馅儿上刷上一层肉桂油，以至于长大以前我一直以为那才是真正的烤甘薯泥。）烤甘薯泥做起来可能稍微有点费事，不过由于它取材于真材实料的烤甘薯，所以你肯定会惊诧于它令人难以置信的美味。"烤甘薯泥竟然如此好吃"，我相信你会重新认识它的。

"快点做今年的礼物吧"，情人节来临之前，妈妈会向我们发号施令。于是晚饭一过，我和姐姐就赶紧来到厨房。"快看，这个跟鹿的某个部位很像啊"，三个人边揉巧克力，边咯咯咯地笑着。

我家一般习惯把巧克力做成球形。而且做的话，只需要用刀简单切切，然后蘸满可可粉就行了。材料如此简单，快用你喜欢的巧克力试做一下吧！

小鹿松露巧克力

材料（直径 2.5cm 大小，约 12 个的量）

巧克力……100g

鲜奶油……40ml

洋酒……1 小匙（按个人喜好加入朗姆酒、白兰地、君度酒中的一种）

可可粉、抹茶粉……各适量

准备工作

· 用刀把巧克力切碎。

· 方形平底盘（其他耐热容器或饭盒亦可。大约 12cm × 12cm）内铺上烹调纸或保鲜膜。

· 提前将可可粉、抹茶粉放入容器中。

做法

1　锅内倒入鲜奶油，小火加热。然后偶尔摇一下锅，等到锅边的奶油开始沸腾的时候，把锅从火上端下来。

2　一次性放入切碎的巧克力，用橡皮刮刀充分混合直至化成光滑的液体，然后放入洋酒。

3　倒入方形平底盘中，待余热散去放至冰箱冷藏室冷却至少 2 个小时（如果有时间的话，冷藏半天会更好）。

4　从平底盘中拿出冷藏好的整块的巧克力，用刀分割成 12 等份。

5　用手将巧克力揉圆，然后放入盛有可可粉或抹茶粉的容器中滚动，使巧克力裹满粉末。手的温度会使巧克力融化，所以这个步骤一定要快。

松软筋道的煎包

材料（6 个的量）

A
┌ 低筋面粉……120g
│ 泡打粉……1/2 小匙
└ 黄糖……1 大匙

准备工作

· 提前准备煎包用的馅料。
（不论是家中的剩菜，还是甜食，什么都可以
包进去，可谓是煎包的优点之一。不过，请尽
量选用水分较少的馅儿，这样比较容易包。）

做法

1 将 A 中的材料倒入盆中，用手快速混合均匀。

2 加水之后快速揉面，揉成一整个面团就可以了（揉 1 分钟左右）。然后包上保鲜膜
放入冰箱冷藏室醒 30 分钟。

3 用刀将面团分成 6 等份，揉圆（如果粘手的话就用一些手粉）。馅儿揉成乒乓球大
小（大约两大匙的量），同样揉圆。

4 用擀面杖将分好的面团擀成直径约 8cm（比手掌稍小一点）的面片，然后把馅儿放
到上面，一个褶子一个褶子地捏，收紧面皮。

5 中火加热煎锅，薄薄地刷一层油（分量外的），煎至两面上色。

6 然后将收口朝下放，调成小火，沿着锅边将水以转圈的方式倒入锅
中，盖上锅盖继续焖 8 ~ 10 分钟。

凉了的话，重新
放到煎锅中加热
一下就行了。

最适合做煎包的馅料

【核桃馅儿】核桃炒一下，切成大块，按
照个人喜好的分量加到馅（买现成的也可
以）里。

【土豆馅儿】土豆去皮，切成一口左右的小块，煮软。控干水分，
捣碎，稍微多放一点菜籽油和椒盐调味。然后将扁豆切片，加少
许盐煮过以后，放入土豆中。

14

奶奶隔三岔五给我们买回来的煎包，要么是牛蒡馅儿，要么是咸馅。那时候我认为"所有咸味的东西都不是点心"，所以就不怎么喜欢煎包。

不过现在，我却喜欢上了煎包。它们像饭团一样简单，既可以做成甜馅儿又可以做成咸馅儿，不管什么都可以包到里面，不论何时、何地都可以吃。它们是自由的。

好想做给奶奶吃啊！

法式可丽饼盛会

材料（直径 20cm，8 ~ 10 张）

低筋面粉……100g
黄糖……1 大匙
鸡蛋……2 个
牛奶（或豆浆）……250ml
黄油（或菜籽油）……10g
（菜籽油的话需要 1 大匙）

准备工作

· 黄油放到锅里小火加热或隔水加热，直至化开。
  如果是一般的油，请忽略上述步骤。
· 提前将鸡蛋和牛奶搅拌好。

做法

1 将低筋面粉筛入盆中，加入黄糖后用打蛋器快速搅拌。

2 然后一点一点加入混合好的鸡蛋和牛奶，充分搅拌至看不到面粉颗粒。

3 加入黄油搅拌均匀，然后用筛子过滤，放入冰箱冷藏室醒 1 个小时左右。

4 中火加热煎锅，薄薄地刷一层油（分量外的），舀大半勺液体倒入锅中，快速晃动
   煎锅摊成薄饼。

5 煎至薄饼边缘收缩变干，翻面继续煎至双面都轻微上色。

6 同样的方法煎剩下的薄饼，包上自己喜欢的内馅就可以吃啦。

【适合可丽饼的内馅】
裱花奶油……鲜奶油加糖打发。
巧克力酱……切碎化开的巧克力中按照个人喜好加入适量的牛奶。
此外，水果、小豆、新鲜蔬菜、奶酪、火腿、金枪鱼蛋黄酱和牛肉沙司等也可以
作为内馅。

我记得是在从都市搬来的朋友的生日聚会上，朋友妈妈做了很多可丽饼摆放在餐桌上。没想到我竟然在同学家中吃到了只在书上看过的可丽饼，而且还可以随意选择自己喜欢的内馅——我永远忘不了那美味的点心！饼糊在冰箱中醒好以后，就可以做成一张一张光滑的薄饼了。做好的薄饼如果吃不完，可以先冷冻起来，所以我们多做一点当早餐来吃也未尝不可。

哇，简直太美味了，可以再多吃一点！

童年回忆

　　小时候我经常因为吃了爷爷偷偷塞给我的点心而剩饭，为此没少挨妈妈的骂。说起点心，相比那些精心装饰的可爱的、豪华的蛋糕，我更喜欢朴素一点的点心。大概是由于我的爱好从那时起就没有变过吧，到现在我也不太熟悉当下流行的各种甜品。

　　我出生并成长于新潟县，小时候我特别喜欢在家乡的山野中四处奔跑，收集一些奇怪的虫子，然后参照科学杂志的附录做实验。我那时像个假小子，除了吃，对做点心也很感兴趣。我想，这是因为把各种材料混合在一起，看它们凝固、膨胀，就像做实验一样，非常有趣。我曾经做出过硬邦邦的海绵蛋糕，也做过毫无形状可言的奶油泡芙，即便这么失败，家人也还是会夸奖我，所以我就乘兴坚持做下去了。尤其是得到我憧憬已久的烤箱之后，我更是把它搬到我的小学，并成立了"美食协会"，从那以后我便决定在这条路上一直走下去。于是，不停地给食材称重，反复地试做点心，成为我一生的事业。这就是关于我选择这份事业最初的记忆了。

那个烤箱现在还在老家服役，而且我现在还精心保存着当时在被窝里反复阅读的点心食谱和电动打蛋器等物品。

忍不住去做的面点

烤好的面点，就像一天到晚身着洋装的人，令人身心愉悦，亲切自然。我非常喜欢这样的茶色点心。

香烤芝士蛋糕

材料（直径 15cm 的圆形模具）

奶油奶酪……250g
黄糖……80g
鸡蛋……2 个
原味酸奶……1/2 杯（100ml）
鲜奶油……100ml
柠檬汁……2 大匙（约半个柠檬）
低筋面粉……3 大匙

准备工作

· 提前在模具中铺上烹调纸。如果是活底的模具，需要先在底部包上一层锡纸（图 1）。
· 奶油奶酪提前室温软化（手指能轻轻戳穿就可以了）。
· 烤箱 180℃预热。

做法

1　将奶油奶酪放进盆中，用橡皮刮刀拌和。变软以后加入黄糖搅拌均匀。

2　依次放入鸡蛋（分两次打入）、酸奶、鲜奶油、柠檬汁，用打蛋器搅拌均匀。

3　筛入低筋面粉，搅拌至看不见面粉颗粒，用孔略大的筛子过筛后倒入模具。

4　烤箱 180℃烤 50 分钟。将竹签插到蛋糕坯中，拔出竹签时没有带出黏糊糊的东西就完成了。烤制过程中如果出现颜色变深的情况，可以在蛋糕上覆盖一张锡纸。蛋糕晾凉以后无须从模具中取出，直接放到冰箱中冷藏即可。

这样就可以防止蛋糕糊溢出来了。

（图 1）

这款芝士蛋糕不需要准备蛋糕底（饼干底），仅需把各种材料混合烤制即可。我们轻轻松松就可以享受到芝士的美味。刚做好的时候芝士的味道可能略浓厚，不过醒好之后就会和其他的味道很好地融合在一起，变得温和起来，也更美味。我家的习惯是前一天晚上做好第二天要吃的点心。

微甜巧克力蛋糕

材料（长宽15cm的方形模具）

巧克力……100g
菜籽油……50ml

鸡蛋……2个
黄糖……50g
牛奶（或豆浆）……100ml

A ┌ 可可粉……40g
  └ 泡打粉……1/3 小匙

准备工作

- 巧克力用刀切碎，和菜籽油一起放到盆中，隔水加热至化开。
- 提前在模具中铺好烹调纸。
- 烤箱180℃预热。

做法

1 将鸡蛋和黄糖放入盆中，用打蛋器打1～2分钟。打至蛋液光滑、稍微发白即可，不必达到做鸡蛋卷时蛋液的打发程度（如果用电动打蛋器的话，中速打发30秒就可以了）。

2 依次倒入巧克力液、牛奶，每次都充分搅拌，接着筛入A中的材料，搅拌至看不到面粉颗粒。

3 用橡皮刮刀将蛋糕糊刮入模具，放入烤箱180℃烤30分钟。如果想确认是否烤好，可以把竹签插到蛋糕中间，拔出时没有带出太多黏糊糊的东西就可以了。

切巧克力的时候，可以像做小鹿松露巧克力那样，用削铅笔的手法切碎，这样化开巧克力的时候会比较省力。

　　刚烤好的热腾腾的巧克力蛋糕，轻轻咬上一口，就像蛋奶酥一般入口即化。
再抹上冰激凌的话，全身就像被一种无法形容的幸福感席卷了一样。放凉了以
后，蛋糕坯会变得紧实弹软，吃起来像味道浓厚的布朗尼一样。这款巧克力蛋
糕冷吃热吃均可，而且不管哪种吃法，都好吃得要命。更难得的是，就连不喜
欢吃甜食的男性朋友，也会爱上它的哟！

枫糖麦芬蛋糕

核桃 & 葡萄干　可可粉 & 椰果

材料（直径 7cm 的麦芬蛋糕模）

A
┌ 低筋面粉……100g
│ 泡打粉……1 小匙
└ 盐……一小撮

B
┌ 枫糖浆……50ml
│ 牛奶（或豆浆）……50ml
└ 菜籽油……50ml

• 核桃 & 葡萄干麦芬蛋糕
核桃……20g
葡萄干……2 大匙

• 可可粉 & 椰果麦芬蛋糕
可可粉……1 大匙
椰果碎……2 大匙

准备工作

· 核桃放入煎锅炒制后切成大块。
· 提前将纸杯放入麦芬模具中。
　使用布丁杯或其他耐热的杯子代替模具亦可。
· 烤箱 180℃预热。

做法

1　将 A 中的材料筛入盆中。

　　（放可可粉和椰果的话，此处需要加入可可粉并搅拌均匀。）

2　中间挖坑，一次性倒入 B 中的材料，用打蛋器以打转的方式快速搅拌。注意，过度
　　搅拌会导致蛋糕烤好后较硬，所以只需搅拌至大体看不到面粉颗粒即可。

3　放入核桃和葡萄干，用橡皮刮刀迅速搅拌（如果放可可粉和椰果的话，需在此处放
　　入椰果碎）。

4　将蛋糕糊倒入麦芬杯中，约 7 分满，烤箱 180℃烤 25 分钟。

蛋糕糊至多两
三分钟就可以
做好哦！

麦芬蛋糕做好后稍微晾一下，此时最好吃。由于蛋糕是用菜籽油做的，所以即便放凉也不容易变硬。只要不过度搅拌，蛋糕做好以后就会有种入口即化的绵软感。如果第二天吃的话，可以先用锡纸把麦芬蛋糕包起来，然后用烤面包机加热一下再吃哦！

柚子磅蛋糕

材料（18cm × 9cm × 6cm 的磅蛋糕模）

鸡蛋……2 个
黄糖……80g

A
┌ 鲜奶油……100ml
│ 菜籽油……40ml
│ 鲜榨柚子汁……1 小匙
│ 柚子皮碎……1 个的量
└ 蓝色罂粟籽……1 小匙

B
┌ 低筋面粉……120g
└ 泡打粉……1 小匙

准备工作

· 提前在模具中铺好烹调纸。
· 烤箱 180℃预热。
· 提前半小时从冰箱中取出鸡蛋备用。

做法

1 将鸡蛋和黄糖放入盆中，用打蛋器搅打 1 ~ 2 分钟。打至蛋液光滑、稍微发白即可，不必达到做鸡蛋卷时蛋液的打发程度（如果用电动打蛋器的话，中速打发 30 秒就可以了）。

2 一次性将 A 中的材料放入盆中，搅拌均匀。

3 将 B 中的材料筛入盆中，用打蛋器以打转的方式快速搅拌。注意：过度搅拌会导致蛋糕烤好以后发硬，所以只需搅拌至大体看不到面粉颗粒即可。用橡皮刮刀将蛋糕糊刮到模具中，放入烤箱 180℃烤 40 分钟。

罂粟籽（罂粟的果实）可以在超市的香辛料专区找到。

此款磅蛋糕用鲜奶油代替了黄油，所以口感非常轻柔绵软。由于柚子磅蛋糕具有说做马上就能做的特点，所以有客人突然来访或赠送他人礼物时，我会毫不犹豫地选择柚子磅蛋糕。

用柠檬或橘子等其他的橘类水果也可以。不过千万不要放太多果汁，否则就烤不出那种绵软的口感了。建议加入果皮来增加蛋糕的风味。

全麦派

材料（2个的量）

A
┌ 低筋面粉……100g
│ 全麦粉……25g
└ 黄糖……1/2 大匙

黄油……60g
凉水……40 ~ 50ml

准备工作

· 黄油切成 1cm 左右的方块，放在冷藏室回温备用。
· 烤箱 180℃预热。

做法

1 将 A 中的材料倒入盆中，像淘米一样用手轻轻搅拌均匀。

2 放入黄油，用指尖在盆底抓匀，使面粉充分吸收黄油。基本融合后，一点一点加入凉水，揉成一个面团，注意不能让面团起筋（这两步也可以在料理机中操作）。

3 用保鲜膜包好面团，放到冰箱冷藏室中醒 1 个小时。

4 在案板上撒一些手粉，用擀面杖将面团擀成厚 4mm、宽 15cm、长 20cm 的面片，然后用叉子在面片上扎出排气孔，切成两等份。

5 将派馅倒满面片的一半，另外一半翻过来对折，用叉子把封口处压实，然后再用小刀在表皮上划几下。

6 放在铺了烹调纸的烤盘中，放入烤箱，180℃烤 30 ~ 35 分钟左右。

煎包中用的馅儿好像也可以作为派馅。

什么可以作为派馅

【煮苹果】选取略带酸味的苹果两个（个头大的话一个就够了），去皮切成一口大小的方块放入锅中，然后放入 3 大匙黄糖和 50ml 的水，盖上锅盖，小火慢煮。苹果汁被大量煮出后，揭开锅盖，大火收汁做成派馅儿

【巧克力＆香蕉】香蕉切片和板状巧克力做成的派馅儿

【豆沙＆甘薯】煮软捣碎后的甘薯和豆沙做成的派馅儿

　　我所做的这款派不需要反复折叠派皮，只需轻松地把面团擀开就可以了。烤好的派呈现出一种朴素的感觉，很有全麦的风味。

　　烤好的派表皮松脆，再搭配上软糯的苹果馅儿，口感十分独特。另外也可以搭配其他应季的食材，这样一整年都可以享受派带给我们的乐趣了。

苹果蛋糕

材料（直径15cm的圆形模具）

鸡蛋……2 个
黄糖……60g
菜籽油……70ml

A ⎡ 全麦粉……120g
  ⎢ 扁桃仁粉……20g
  ⎣ 泡打粉……1/3 小匙

B ⎡ 核桃……20g
  ⎢ 苹果……1 个（约200g）
  ⎢   （尽量选用略酸的苹果）
  ⎢ 朗姆葡萄干……2 大匙
  ⎢   （葡萄干放到朗姆酒中至少浸泡一天）
  ⎣ 肉桂粉、肉蔻粉……少量

准备工作

· 提前准备朗姆酒。

· 在模具中铺好烹调纸。

· 核桃在平底锅中干炒一下，切成大块备用。

· 苹果竖着切成6等份，然后再分别切成5mm
  厚的银杏形薄片。

· 烤箱预热170℃。

做法

1 将鸡蛋和黄糖放入盆中，用打蛋器打1～2分钟。打至蛋液光滑、稍微发白即可，
   不必达到做鸡蛋卷时蛋液的打发程度（如果用电动打蛋器的话，中速打发30秒就
   可以了）。

2 倒入菜籽油，将各种材料搅拌均匀。

3 将A中的材料筛入盆中，用橡皮刮刀从底部向上快速刮拌，直至面粉颗粒消失，
   然后放入B中的材料迅速搅拌（基本上是苹果块挂住面粉的感觉）。

4 倒入模具，烤箱170℃烤50～55分钟。然后把竹签插到蛋糕坯中间，拔出竹签时
   没有带出黏糊糊的东西就可以了。烤制过程中如果出现颜色变深的情况，可以在
   上面盖一张锡纸。

明天早餐好想
吃这个呀！

　　这款蛋糕，面粉与其他食材完美融合。味道也很温和，不会太甜。每当我莫名感到失落，就特别想吃这款可以让内心平静下来的蛋糕。

　　相比苹果的量来说，面粉显得有点少，让人有些担心能不能做好。其实完全没这个必要，因为蛋糕完全烤好时，苹果中的水分会充分渗入面粉中，这样就可以做出一个结实的蛋糕了。

橘味戚风蛋糕

材料（直径 17cm 的戚风模具）

鸡蛋……4 个
黄糖……70g
蜂蜜……1 小匙
菜籽油……2 大匙
橘子……1 ~ 2 个
低筋面粉……80g

准备工作

· 橘皮磨碎备用。
　橘子榨汁，取 50ml 备用。
· 蛋清和蛋黄分开打入两个盆中，
　蛋清冷藏 5 ~ 10 分钟左右备用。
· 烤箱 170℃预热。

做法

1　将蛋黄、一半的黄糖和蜂蜜放入盆中，用打蛋器擦着盆底轻轻搅拌，然后依次放入
　　菜籽油、橘子汁、橘子皮碎，每次都要充分搅拌。

2　低筋面粉筛入盆中，搅拌至没有颗粒。

3　用电动打蛋器打发蛋清，蛋清发白起泡后，分两次加入剩下的黄糖，打至纹理细
　　腻、泡沫的角像微微鞠躬一样弯曲（图 1）的程度。

4　改用橡皮刮刀将打发的蛋白分三次加入 2 中。每次都要从底部向上快速
　　刮拌，避免消泡。

（图 1）

5　将搅拌好的蛋糕糊倒入模具中，烤箱 170℃烤 35 分钟。然后将蛋糕倒扣在空瓶子
　　上面，等完全冷却后用刀取出蛋糕（图 2）。

从模具中取出戚
风蛋糕的秘诀，
就是用刀刃贴着
模具脱模。

（图 2）

这款戚风蛋糕只使用了果汁中的水分，烤好之后呈现出柔和的橘色，质地密实，口感松软。柑橘系列的戚风蛋糕很容易膨胀起来，所以我倾向于推荐给初学者。

为了更好地保存食材本身的味道，这款蛋糕没有添加植物性奶油。是一款极其柔软的戚风，所以切开后尽量不要用叉子，试着用手撕着吃吧！

相似的曲奇饼干

黄油曲奇

配料和做法相似，味道却截然不同！

洋葱饼干

做法

1 将 A 中的材料倒入盆中，用手轻轻拌匀。

2 放入黄油，用指尖擦着盆底搅拌，使黄油和面粉完全融合。

3 没有大颗粒的话，将水淋入盆中，揉成一个面团。揉 2 ~ 3 次，面团变光滑就可以了（揉不成面团的话，再稍微加一点水）。

4 面团放在保鲜膜中，整合成 8cm 长的圆柱形，包好后放在冷藏室中醒 1 个小时左右。

5 切成 8mm 厚的片，摆在铺好烹调纸的烤盘中，放入烤箱 170℃烤 30 分钟。置于烤盘中完全冷却。吃起来酥脆的话就表示做好了。

做法

1 将 A 中的材料倒入盆中，用手轻轻拌匀。

2 倒入菜籽油，用手掌擦着盆底搅拌，使油完全融入面粉中。

3 没有大颗粒的话，放入洋葱碎搅拌成一个面团，注意不要起筋（揉不成面团的话，再稍微加点洋葱碎）。

4 面团放在烹调纸上，用擀面杖擀至 4mm 厚（太黏的话在上面贴上一层保鲜膜）。用刀或切刀划出裂缝，然后用叉子扎出排气孔。

5 把整张烹调纸放到烤盘中，放入烤箱 170℃烤 30 分钟。然后在烤盘中完全冷却，再沿着裂缝分割成小块。

这是两款配料和做法十分相似，味道却截然不同的饼干。熟悉了制作顺序以后，我们就可以尝试使用其他原料创新。

做黄油曲奇时，只要混合好各种材料，马上就可以做好，非常适合急性子的我。当我想吃黄油做的简单的点心时，我就会选择这款黄油曲奇。我原本以为洋葱饼干只适合做"下酒菜"，没想到竟然深受小孩们的喜爱。做这款饼干时，很重要的一点就是要用细密一点的刨丝器将洋葱弄碎，以便洋葱汁充分渗出。

黄油曲奇

材料（约 10 个的量）

低筋面粉……80g
全麦粉……20g
黄糖……2 大匙
黄油……40g
水……2 大匙

准备工作

· 烤箱 170℃预热。
· 切成 1cm 左右的方块，提前放到冷藏室中回温备用。

洋葱饼干

材料（约 20 个的量）

低筋面粉……80g
全麦粉……20g
盐……两小撮
菜籽油……2 大匙
碎洋葱末……2 大匙（约 30g）

准备工作

· 烤箱 170℃预热。
· 为了使洋葱中的水分尽可能地渗出，尽量使用细密一点的刨丝器弄碎洋葱（这样原料更容易混合均匀）。

摩卡卷

　　有位颇爱美食的朋友向我提议"想吃咖啡味的蛋糕"，于是这款摩卡卷就诞生了，虽然我本人一直不太能吃甜。

　　说起摩卡卷，大家一般会想到黄油、奶油。但是我想做出口味清淡一些的，于是我就在以咖啡味为主的蛋糕坯中，加入了带酸味的爽口奶油调和。如今，只要尝过一口摩卡卷的人，基本上都会被这个味道迷住，这款蛋糕也毫无悬念地成为"人气之王"。

摩卡卷

材料（30cm × 30cm 的烤盘一个）

摩卡糊
鸡蛋……3 个
菜籽油……1 大匙
咖啡液
……3 大匙速溶咖啡，加 2 大匙开水冲开
低筋面粉……50g

爽口奶油
原味酸奶……500g
鲜奶油……150ml
黄糖……50g

准备工作

· 将酸奶倒入咖啡过滤器中，在冰箱中冷藏半天到一整夜，沥出水分（沥出的水分可能会非常多，所以提前在过滤器下面准备咖啡壶或者其他深一点的容器）。
· 提前在烤盘中铺好烹调纸。
· 蛋清蛋黄分别打入两个盆中，蛋清放在冰箱冷冻室冷却 5 ~ 10 分钟。
· 烤箱预热 190℃。
· 在冰箱冷冻室中冻好冰块。

做法

1 将蛋黄和一半的黄糖放入盆中，用打蛋器擦着盆底轻轻搅拌均匀，然后依次加入菜籽油、咖啡液，每次都要充分搅拌。

2 筛入面粉，充分搅拌至看不到面粉颗粒。

3 用电动打蛋器打发蛋清，打至蛋清变白起泡后，分两次倒入剩下的黄糖，继续打发。提起打蛋器，蛋清可以立起一个硬硬的小角时（图1），表示蛋清打发至硬性发泡。

（图 1）

4 把打发好的蛋清分三次加入 2 中，每次都从底部向上用橡皮刮刀快速刮拌。

5 搅拌好的摩卡糊倒入烤盘中，然后用切刀抹平。烤箱 190℃烤 12 分钟。

6 烤好后放在烤网上冷却。余热散去后，用保鲜膜盖在上面防止蛋糕变干，继续冷却。

7 接下来做爽口奶油。把糖加到鲜奶油中，然后放到盛了冰水的容器中，边冷却边打发。打至奶油可以提起像微微鞠躬一样弯曲的小角时，倒入酸奶，搅拌均匀，变得像黄油或奶油一样厚重黏稠就可以了。

8 冷却好的蛋糕连同烹调纸一起取出，把奶油倒在蛋糕表面，抹开。（蛋糕的另一端留 5cm 左右不抹奶油，这样卷起来比较美观。）

9 从靠近自己的这一端开始卷，卷好后（图 2）用保鲜膜包起来，放在冰箱中冷藏30 分钟。

（图 2）

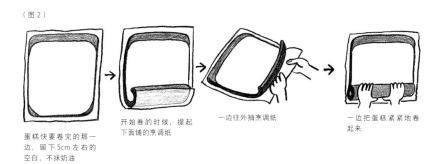

蛋糕快要卷完的那一边，留下 5cm 左右的空白，不抹奶油

开始卷的时候，提起下面铺的烹调纸

一边往外抽烹调纸

一边把蛋糕紧紧地卷起来

被这款爽口奶油迷倒的人越来越多！哈哈哈……

反复做的理由

　　对我而言，每天的点心不仅仅是正餐之间的小零食，更是一种可以让我感觉放松、内心变得舒缓的东西，是直接作用于我心情的存在。正因为这样，在工作中我以"foodmood（食物心情）"之名，坚持不懈地制作点心。

　　如果从事的工作与食品相关，那就需要我们不断推陈出新，开发新食谱。不过家常点心的话，我们还是习惯于反复地做喜欢的那几样。日常生活中，就算没能掌握太多拿手好菜，如果能学会几样像妈妈一样擅长并能经常做的菜肴的话，也就足够了。我最喜欢的点心是那种营养丰富，并且适合我们身体需要的可以当饭吃的点心。其中以烤烤就行的茶色点心居多，不过也偶尔可以加入当季的食材进行创新。我觉得根据自己的需求不断调整味道的感觉特别适合我。我想，肯定是因为小时候热爱实验的一腔热血，拯救了我顽固的味觉吧！

爽滑诱人的饭后甜点

我有时想吃一些冰凉爽口的点心。一般我会克制自己，少吃一点，因为有点凉，不过因为实在太好吃了，"只吃一点"几乎不可能使我感觉到满足。

牛奶寒天与醋渍草莓

材料（500ml 的方形平底盘或方形容器）

牛奶寒天
寒天粉……1 小匙
炼乳……3 大匙
牛奶……400ml

醋渍草莓
草莓（熟透的）……1 袋
黄糖……3 大匙
葡萄醋……2 大匙

做法

1　首先来做牛奶寒天。把所有材料倒入锅中，中火加热，不断用橡皮刮刀搅拌。沸腾之后改用小火，再继续加热 2 分钟左右。

2　用水迅速打湿容器，然后把液体倒入容器中，等余热散去后，放到冰箱中冷藏至少 1 个小时，使其凝固。

3　接下来做醋渍草莓。草莓洗净去蒂，每个草莓切成 2 ～ 4 等份，放到盆中，然后放入黄糖、葡萄醋。用勺子用力切拌，使草莓和其他材料更好地融合在一起。拌好以后放入冰箱冷藏至少 30 分钟。

4　将切好的大小适宜的牛奶寒天放到盛有醋渍草莓的盆中轻轻搅拌，然后连同汁水一起倒入容器中。

出人意料的两种味道组合在一起，吃了可会上瘾哦！

　　寒天在常温下也能够凝固，而且比较容易处理，非常适合我这样的懒人。有段时间我的餐食以蔬菜为主，经常做豆奶和果汁寒天，然后用勺子舀着吃。

　　牛奶寒天由于加了炼乳，有一股浓浓的奶味儿。而略带酸味的醋渍草莓，就成为牛奶寒天的最佳搭档了。刚开始知道草莓中加了葡萄醋我也很诧异，不过后来发现，浓厚的牛奶味儿加上酸甜多汁的草莓，简直是完美搭配，作为餐后小甜点的确再合适不过了。

葛粉抹茶布丁

材料（500ml 容量的方形平底盘或深口方盘等）

抹茶粉……1 大匙
葛粉……20g
黄糖……3 大匙
牛奶……400ml
红豆……适量

做法

1 将抹茶粉筛入盆中，加入葛粉、黄糖，然后倒入少量牛奶，使各种材料充分混合。
  用橡皮刮刀或手指将结块的葛粉疙瘩碾碎，再倒入剩下的牛奶使其完全化开。然
  后用孔比较细密的筛子过滤备用。

2 倒入锅中，中火加热，用橡皮刮刀不停搅拌。加热至液体沸腾，开始变浓稠的时
  候，改用小火，继续搅拌，加热 5 分钟左右（沸腾之后如果立刻关火的话，吃起
  来会有颗粒感，所以千万不要立刻关火）。

3 用水迅速浸湿容器，然后将液体倒入容器中，等余热散去后，放到冰箱中冷藏至少
  2 个小时，使其凝固。

4 盛到容器中，放上红豆。

与其说是搅拌，倒
不如说像和面一样。
一定要防止锅底和
锅边炒煳啊！

葛粉不仅可以用来做点心，做饭或者熬姜汤也非常方便。葛粉可以装到小瓶中，作为我们厨房的常备之物。用牛奶精炼而成的葛粉抹茶布丁，散发着一种高雅的风味。制作布丁的时候，液体熬浓稠以后再稍微煮一会儿，这样就可以去除颗粒感，布丁的口感也会更爽滑。做时需要我们有点耐心，加油哦！布丁的口感与慕斯、果冻不同，是一种新鲜弹软的感觉。

豆腐果冻

材料（布丁模具或荞麦猪口杯 4 个）

木棉豆腐……100g（约 1/3 包）
鲜奶油……50ml
豆浆……200ml
黄糖……40g
寒天粉……1/2 小匙

做法

1 将豆腐放入料理机或者搅拌机中，打碎至顺滑，然后倒入盆中备用（也可以放入研磨盆中磨碎，或者用孔比较大的筛子过滤）。

2 锅内放入除豆腐以外的其他材料，小火加热，用橡皮刮刀不停搅拌至沸腾。煮沸后即便寒天粉已经溶化，也不要马上关火，继续煮 2 分钟左右（火候不够的话，冷却后也很难凝固，一定要注意）。

3 趁热将 2 中的液体一点一点地倒入装有豆腐的盆中，用打蛋器搅打至顺滑。

4 然后将液体用筛子过滤一遍，再用水迅速打湿容器，将筛过的液体倒入容器，等余热散去后，在冰箱中冷藏至少 1 个小时，使其凝固。

5 根据个人喜好，加上喜欢的酱汁（右图中的酱汁是橘子酱加水调制而成的）。

充分冷却的豆
腐果冻才更好
吃哟！

　　这款豆腐果冻，吃起来有股豆腐味儿，但又不是那么浓，作为餐后点心来说味道不浓不淡，恰到好处。搭配红糖汁和红豆自不必说，和稀释过的调和果酱一起吃也是一种不错的选择。

　　如果想从模具中取出来吃的话，可以先用小刀或竹签沿着模具的内侧划一圈，然后就可以顺利取出了。

醒制水果酸奶

材料（容易做的量即可）

原味酸奶……1/2 袋
喜欢的水果干
……（西梅或杏 3 ~ 4 颗、芒果 3 ~ 4 枚、蓝莓 2 ~ 3 大勺）

做法

1 把喜欢的果干切成一口大小的方块，放入酸奶浸渍。

2 放到冰箱冷藏室中醒制一夜（腌太久的话，水果的美味就会散去，所以尽量在 2 ~ 3 天内吃完）。

啊，水果苏醒啦！
皱巴巴的水果开始
嘭嘭弹啦！

这款水果酸奶是我在以前打工的店里学到的，我尝试过使用各种水果来做。
水果干由于吸收了酸奶中的水分，会变得惊人地弹润多汁。相对应地，酸奶中的
水分被水果吸收，味道恰好变得浓厚起来。水果每次只放 1 种，这样浸渍好的酸
奶不容易串味，吃起来恰到好处。

51

弹性一百分的克拉芙缇

材料（直径 20cm、深 5cm 的耐热容器）

低筋面粉……3 大匙
鸡蛋……1 个
枫糖浆……3 大匙
牛奶（或豆浆）……250ml
朗姆酒（或根据喜好选择其他酒）……1 小匙
香蕉……1 根

顶部配料（根据个人喜好）
裱花奶油（鲜奶油中加入黄糖后稍微打发的奶油）……适量
枫糖浆……适量

准备工作

· 提前在容器中薄薄地涂上一层油（分量外）。
· 烤箱 180℃ 预热。

做法

1 将低筋面粉筛入盆中，放入鸡蛋和枫糖浆，然后用打蛋器充分搅拌至顺滑。

2 一点一点地倒入牛奶，再倒入朗姆酒，搅拌均匀后筛入容器。

3 香蕉切成一口大小的方块分散放到面糊表面，然后放入预热好的烤箱中 180℃ 烤大约 30 分钟，直到烤出好看的颜色。将竹签插到中间，如果没有液体从中间溢出就可以了（如果容器比较深，上色之后盖一张锡纸，稍微多烤一会儿）。

4 等余热散去后放到冰箱中冷藏，然后再根据个人喜好抹上奶油或枫糖浆。

用手指给容器涂油也很有意思哦！

这款弹性一百分的克拉芙缇,好像是为了补足布丁和蛋糕所不具备的口感而生。第一次吃我就被那种不可思议的口感震惊了。除了香蕉,我们也可以使用无花果或蓝莓等水果。水果的味道会完美地融入克拉芙缇,非常好吃。或者,把甘薯和南瓜快速加热一下也很棒!

《点心来了》的七大工具和必备材料

1 大匙小匙

基本上所有的点心都会用到。一般来说，深一点的比较容易量取材料。不管是做什么点心，都要同时准备好大匙和小匙。

4 盆

请选择容易拿取且适合手持的盆。不锈钢材质的导热性更好。如果可以的话，准备两个同样大小的盆，这样做点心时会更方便。

5 湿抹布

湿抹布是我做点心时必不可少的用具。打发或搅拌的时候，我经常把它垫在盆底。这样盆不容易滑动，可以使我在操作时更加安心。

关于七大工具

　　与其说有了这些工具很方便，倒不如说没有它们就很麻烦！这七种工具带给我的就是这种感觉。别人总是会很吃惊地说"你的工具可真少"，不过说到底我是一个不擅于整理的人，厨房空间又十分有限，所以我想尽可能地少准备一些工具。上面说到的七种工具，每一种都是可以反复使用的。如果还需要其他工具的话，大家可以根据个人需要选购。

关于烤箱

　　我有意不把烤箱放到七大工具中来说，因为对我这个烘焙爱好者来说，烤箱实在是非常重要的工具。最近新出了不少价格合适的烤箱，如果你对烘焙感兴趣的话，不妨买上一台，说不定你的世界从此就会打开一扇新的大门。烤面包机的话，内部容量更大，温度可以手动调节，自然再好不过，不过就算没有这些功能，我们也可以在烤制的过程

2　精准电子秤

有一台就足够了。如果习惯了称重，就会通过电子秤上显示出来的重量，对食材本身的重量有大致印象，这样就会越用越熟练。

3　量杯

容量 200 ~ 250ml、刻度清晰的量杯就够用了。我比较推荐以 10ml 为计量单位的量杯，如果是以 50ml 为计量单位的量杯，可能还需要配备一把勺子。

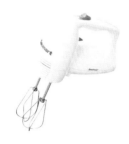

6　电动打蛋器

有了电动打蛋器，原料瞬间就可以被打发，我们不会再怕麻烦，还会渐渐喜欢上做点心。

7　橡皮刮刀

我比较推荐耐热硅胶材质的刮刀。它比木制刮刀有弹性，而且还能将角落里的东西刮干净。做饭时，不管是炒菜还是煮东西，都可以使用。

中通过使用加盖锡纸的方法解决这个问题，请大家务必试着钻研一下。烤箱与烤箱之间存在个体差异，所以即使设定同样的温度，也会出现烤煳或者烤不熟的现象。所以，掌握自家烤箱的脾气也很重要哦！

关于代替品

　　其实，根本就不存在没有工具就做不出点心这回事。举个例子，我擀曲奇面团的时候，没有擀面杖，我就用保鲜膜的芯来代替。提前准备食材和冷却食材时，没有小盆，我就用茶碗代替。而且，即便没有跟食谱中一样的模具，我也会通过调节烤制时间的办法，选用其他模具。如果模具比较深，我就多烤一会儿；如果比较浅，那就少烤一会儿。大家完全没必要在意这些细小的差别，只要注意调节温度和时间，一样可以做出美味的点心。

1 鸡蛋

尽量选用散养母鸡所产的蛋。本书食谱中提到的鸡蛋，一般指 M 号的鸡蛋。

2 小麦粉

如果想要做出质地稳定、口感松软的点心，最好还是选用低筋面粉。关于全麦粉，如果可以的话请选用低筋的类型。开封之后要放到冰箱冷藏室中保存。

3 菜籽油

用菜籽油做点心，可以做出一种口感丰富且美味的感觉。如果没有菜籽油，也可以使用芝麻油或者没有特殊味道的橄榄油、葡萄籽油等。

4 砂糖

我主要使用味平且甘、容易被身体吸收的黄糖，以及甜菜中提取出的砂糖。另外我还非常爱用枫糖浆，虽然它的价格略高。

关于材料

据我推测，大部分人认为做点心麻烦，主要是因为他们觉得做点心"好像需要使用特别的材料……"所以，我尽量使用家中现有的食材来做点心。基本的材料有面粉、鸡蛋、砂糖和菜籽油，偶尔会使用枫糖浆、黄油等，不过绝大部分材料都是我们做饭时也会使用到的。

关于选择

对于决定味道好坏的基本材料，我一般会考虑优先选用那些味道好并且自己喜欢的。在有多种选择的情况下，建议大家避开最便宜和最贵的选项。如果选用那些质量特别好、但是价钱太贵的食材的话，我们可能没办法坚持长期做下去。相反地，食材出奇地便宜，只要想想这么便宜的理由，我们就会望而却步了吧……（当然也会有例外）这样我们就会轻而易举地做出恰当的选择了。

灵光一现就能
马上做出来的快手点心

要是对家中现有的食材稍做加工就可以做出美味点心的话，那就太棒了。可能这就是最接近正餐的点心吧。

南国蒸面包

材料（直径 6cm 的布丁模 4 个）

鸡蛋……1 个
黄糖……40g
菜籽油……1 大匙
椰子汁……80ml

A「低筋面粉……100g
 └泡打粉……1 小匙

芒果干……4 片

准备工作

· 提前在布丁模（也可以使用马克杯或其他耐热容器）中铺上烹调纸。
· 芒果干切成 1cm 左右的小块。

做法

1 将鸡蛋和黄糖倒入盆中，擦着盆底充分搅拌，直至黄糖基本溶化（不需要打发）。

2 依次倒入菜籽油和椰子汁，每次都搅拌均匀。

3 将 A 中的材料筛入盆中，用打蛋器以打转的方式快速搅拌，然后放入芒果粒。注意，过度搅拌会导致面包发硬，搅拌至基本看不到面粉颗粒就可以了。

4 把面糊倒入布丁模中，6 ~ 7 分满，然后放到锅中。锅中倒入布丁模一半高度的开水，用湿布包裹锅盖，中火蒸 15 分钟。将竹签插到蛋糕坯中间，拔出竹签时没有带出黏糊糊的东西就完成了。

好像感受到了远方国家的味道！

　　与众星拱月的西式蛋糕不同，蒸面包从过去开始就是一种不起眼的存在。不过，论味道的话，蒸面包可是一点都不输西式蛋糕哟。

　　做这款点心时，我把大家常用的牛奶换成了椰子汁，所以蒸面包有了一种亚洲风味。面包糊里除了放甜味的食材，也可以尝试放奶酪、蔬菜等咸味食品进去。而且使用大号的模具做蒸蛋糕也很有意思。大家可以充分发挥自己的想象力。

豆腐糯米团子

材料（约 30 个的量）

糯米粉……100g
木棉豆腐……150g（约 1/2 包）

做法

1 将糯米粉倒入盆中，然后一点一点地加入豆腐，使糯米粉充分吸收豆腐中的水分。
   刚开始糯米粉比较容易结块且很难弄碎，不过搅拌之后会慢慢变得顺滑起来。大
   概搅拌到像耳垂一样柔软的程度就可以了（如果太软的话，可以加少许糯米粉；
   相反地，如果太硬的话可以加少许豆腐）。

2 揉成一口大小的团子，放入沸腾的开水中煮制（在团子中间按压一下更容易煮透）。

3 团子浮上来后再继续煮 1 分钟左右，然后捞出团子放到冷水中冰一下。

不熟练的话可以提前把团子全部揉好，然后一次性煮出来，这样会容易一些。

美味团子的吃法

【御手洗】

材料（容易操作的量）

A ┌ 酱油……2 大匙
  │ 黄糖……50g
  └ 水……100ml

水溶淀粉……大约 1 大匙淀粉兑 50ml 水

做法

把 A 中的材料倒入锅内，中火加热至沸腾，等黄糖溶化后倒入水溶淀粉增加浓稠度。

【椰汁粉】

容器里盛放一些糯米粉，然后加入椰子汁、红豆。搭配椰汁粉的话，不管热吃还是冷吃都一样美味。

除此之外，还可以撒上黄豆粉和红糖汁来吃，也可搭配高汤。

夏天食用可以搭配各种果汁，冬天则可以搭配高汤。因此，这
款糯米团子深受大家喜爱。自己做团子时，一看到那些又白又圆的
可爱团子，心情也会跟着柔和起来。

用豆腐做出来的糯米团子，即使放久一点也可以保持弹软的口
感，而且比纯糯米粉做出来的团子清淡，吃了也不容易胀肚。不过，
吃多了也一样吧！

多味面包干

黄油 & 生姜味 　　　枫糖味

材料（容易操作的量）

面包……1/2 根法棍

（少油清淡的普通面包亦可）

- 黄油 & 生姜味
  黄油……50g
  黄糖……50g
  生姜汁……1 大匙

- 枫糖味
  枫糖浆……50ml
  菜籽油……1 大匙
  水……1 大匙

准备工作

- 面包切成约 7mm 厚的片，放入烤箱 150℃烤至干燥的状态（大约需要 15 ~ 30 分钟）。
- 生姜研碎，榨出一大匙生姜汁备用。
- 黄油放入锅中小火加热化开，或者隔水化开。
- 烤箱预热 150℃。

做法

1　< 黄油 & 生姜味 >

　将化开的黄油、黄糖和生姜汁搅拌均匀。

　< 枫糖味 >

　将枫糖浆、菜籽油和水倒入盆中，用打蛋器搅拌均匀。

2　根据个人口味，将 1 中的液体适量涂抹到面包片上。做枫糖味的面包片时，也可以
　快速将面包片浸泡一下。

3　在烤盘上铺好烹调纸，然后把面包片摆放到上面，烤箱 150℃烤 15 ~ 30 分钟，烤
　至略微上色后取出烤盘晾凉即可。

不用烤那么干
也很好吃！

法棍是那种即使你只买一根都很难吃完的面包。很多时候它们只能在厨房的一角慢慢变硬。这个时候一定要毫不犹豫地把它们做成烤面包片。

黄油生姜味的烤面包片，既融合了生姜的刺激味道，又饱含了丰富的黄油味；枫糖味的烤面包片，则是充满了浓稠丰厚的枫糖的甜味。这两种烤面包片交替着吃的话，简直好吃到停不下来。而且放到储存罐中送人的话，对方也会很开心收到这样的礼物的哦！

甜咸坚果

材料（容易操作的量）

喜爱的生坚果……100g
（搭配核桃、扁桃仁、腰果、夏威夷果等坚果）
枫糖浆……50ml
自然盐……按个人口味

准备工作

· 将坚果放到平底锅里小火加热，直到炒出微焦的香味，或用烤箱120℃烤15分钟。

做法

1 将枫糖浆倒入平底锅内，中火加热。开始沸腾后，锅内会冒出大量的白色大泡泡。

2 继续熬一分钟左右，当大泡泡开始像肥皂泡一样"啪啪"破裂时，一次性倒入所有的坚果。等坚果全部裹满枫糖浆后，根据个人口味撒适量盐，然后关火。

3 用刮铲继续搅拌，糖分会呈结晶状并变白。等到坚果一个一个松散开来时，将它们倒在烹调纸上晾凉。如果一些坚果仍然粘在一起，可以手动分开（小心烫）。等到彻底晾凉以后装罐保存。

简直好吃得停不
下来，所以一个
人吃太危险了。

要是有人问起"做点心你最喜欢的食材是什么?",我会毫不犹豫地回答,是枫糖浆和坚果。把我最喜爱的这两种食材搭配起来做出的东西,怎么可能会不好吃?这款点心甜中带咸,吃起来竟然有点像喝酒时吃的小菜。不过要注意盐不要放多了,小心味道太重。

水煮点心

红豆南瓜煮

材料

南瓜……1/4 个
红豆（干燥）……1/2 杯（约 80g）
（或无糖的煮红豆罐头）

A ┌ 枫糖浆……3 大匙
　└ 酱油……1 小匙

盐……适量
水……适量

准备工作

· 红豆煮软，但不要煮烂，然后沥水控干。
　< 煮红豆的方法 >
　红豆洗净后加足量水煮。大火煮开后将水倒掉，换水重新煮开，重复此步骤后，改用中小火继续煮到变软为止。
　如果中途发现水不够，可以适当加水。

做法

1 南瓜去籽切成一口大小的块放入锅中，加入刚好没过南瓜的水，中火加热。

2 沸腾以后改小火，倒入红豆和 A 中的材料，盖上落盖[1]，煮到汤汁减少后放少许盐调味（估计需要煮 15 ～ 30 分钟）。

需 要 用 火 煮 一煮，真轻松啊！

1 直接盖在食物表面的盖子。

甘薯苹果之柠檬煮

材料

苹果……1 个
甘薯……大致与苹果等重（小号～中号的 1 只）
柠檬汁……1 大匙
黄糖……2 大匙
水……100ml

准备工作

· 甘薯去皮切成约 1cm 厚的片（小甘薯切成圆片，大甘薯切成半圆形的片），快速过水冲一遍。
· 苹果去皮，切成 4 ～ 6 等份，去核，然后切成厚 1cm 左右的银杏状的薄片。

做法

1 将苹果放入厚实一点的锅中（陶瓷锅、不粘锅、砂锅等），倒入柠檬汁和黄糖，快速将所有材料搅拌均匀，将甘薯铺到上面。

2 倒入能够浸透所有食材的水，盖上锅盖，大火煮。煮沸之后苹果中的水分会析出，这时将所有材料切拌均匀，再小火煮 20 ～ 30 分钟，直到甘薯变软（可以像煮水果糖浆一样，保留甘薯原有的形状，也可以大火加热，一边收汁一边把甘薯轻轻捣烂，这样也非常好吃）。

这两款都是沙沙糯糯的点心。

　　红豆南瓜煮也叫"从兄弟煮¹"，从过去开始就是人们冬至时节最常吃的食物。再加上一点枫糖增加甜味，会更加好吃且更像点心。

　　柠檬煮是在我们感冒时最想感受的妈妈的温柔。多放一点柠檬的话，吃起来口感会非常清爽。

　　两款家常菜一般的点心，只需要在锅里煮煮就能搞定。

---

1 日本的一道传统乡土料理，将小豆等放入锅内炖熟，并用豆酱等调味。

茶的故事

吃点心的时候，我每次都要搭配焙茶或咖啡。

由于焙茶中咖啡因的含量很低，可以不限时地喝，所以我一般会在保温壶中沏好茶以便一天中随时饮用。而且每当我尝试新食谱感到疑惑的时候，总会下意识地在心中揣摩"它是否可以和焙茶搭配"。我对那些冲击力大的过于复杂的味道不太感兴趣。如果以是否可以搭配焙茶为判断标准的话，味道上就不会轻易出现偏差。想来，"用刚烧开的热水沏大量美味的焙茶"的习惯，正是与此有关。

另一方面，如果收到别人送给我的点心，或者有什么特殊意义的点心的话，我会选择搭配咖啡食用。在我看来，花时间认真制作的手工滴滤咖啡最好喝，不过由于性急，我经常安慰自己"只要咖啡豆好，做出来的咖啡也差不到哪儿去吧"，结果完全依赖上咖啡豆了。相对应地，为了每次都能用上新鲜的咖啡豆，我会尽可能少量多次地购买。我已经喜欢上将大量的咖啡豆磨碎，然后用水一下子冲开的感觉。

饮品当点心主角

只要喝上一杯就能元气迸发，由内而外温暖起来。饮品的优点就在于，喝完马上就能感受到它带给人的乐趣，容易获得满足感。

果汁吧

　　盛夏时节，如果能像在果汁吧中一样，随意挑选喜欢的饮料就好了，如果一杯饮料就能带给我吃点心的满足感的话就太好了。于是我整理出了这类饮料的做法。饱含浓浓生姜味的饮料、散发着梅子酸味的饮料，我一直致力于让食材本身带给我们清凉感。话虽如此，冷饮容易增加我们身体的寒气，大家喝的时候一定要适可而止！

姜汁苏打水

喝起来有点生姜的辣味，不过余味使人舒畅。我曾经为盛夏的户外活动准备过上百杯姜汁苏打水。天气凉的时候也可以兑一点热水喝。

材料（容易做的量）

生姜……2 包（约 200g）
水……300ml
黄糖……150g
苏打……适量
（可以用甜的，也可用不甜的）

做法

1 生姜洗净后带皮切碎，或者切成适当大小后用料理机打碎（用料理机打碎时，需要加入适量的水，这样打好的状态比较接近手工剁碎的）。

2 把生姜、水和黄糖放入锅中，中火加热。煮开后将火调小，一边除味一边继续煮 15 分钟左右，然后过滤，这样糖浆就做好了。过滤好的糖浆可以装在干净的储存罐中保存（冰箱冷藏室中大约可以保存 2 周）。

3 取适量的冰块和糖浆放入玻璃杯中，然后倒入苏打搅拌均匀。

儿童格桑利亚

无须腌渍发酵，直接用新鲜水果现做的不含酒精的格桑利亚，儿童也可以放心饮用。

材料（容易做的量）

葡萄汁……400ml
菠萝汁……200ml
柠檬……1/2 个
肉桂棒……1 根
水果……根据个人爱好
（选择橙子、香蕉、葡萄、苹果、桃子等个人喜欢的水果）

做法

1 冷水壶中倒入葡萄汁和菠萝汁，然后放入去皮的切片柠檬和肉桂，在冰箱中冷藏至少 1 个小时。

2 水果去皮备用。橙子分瓣，葡萄从串儿上摘下，香蕉、桃子、苹果等切成方便食用的小块。

3 将喜欢的水果放到杯中，然后倒入果汁（也可以根据个人喜好兑入少许苏打，同样美味）。

梅汁苏打水

以梅子为原料的食材中，最为简单的就是梅子糖浆了。放在瓶子中什么都不用管就好。疲倦的夏天里，我多次被这款饮料拯救。

材料（容易做的量）

青梅……500g
黄糖（甜菜糖）……500g
苏打……适量
（可以用甜的，也可用不甜的）

（图1）

做法

1 青梅洗净去蒂，擦干表面水分。用竹签或叉子在表面刺出小孔（图1）。

2 按照一层梅子一层黄糖的顺序，将材料放到干净的储存罐（用沸水消毒或用酒精擦拭）中，在最后一层梅子上撒满砂糖，完全盖住梅子，放到阴凉处（放到较热的地方梅子容易发酵，一定要注意）。

越南水果奶昔

它的越南名字有点匪夷所思，但却是越南非常流行的饮料。喝起来有一股淡淡的酸奶味。

材料（一份人）

青柠（或柠檬）……1个
炼乳……2～3大匙
牛奶……150ml

做法

1 青柠榨汁，提前准备2大匙果汁。

2 混合所有材料，倒入加冰的玻璃杯中。

应季的水果都可以做成糖浆，大家可以多尝试几种哦！

3 随着黄糖一点点溶化，梅子会浸出汁水，所以每天轻轻摇晃一次罐子。

4 等过了10天～2周左右，黄糖基本溶化，那个时候糖浆就做好了。此时将梅子取出，糖浆放到冰箱中冷藏保存（在冷藏室中大约可以保存1个月）。

5 取适量冰块和糖浆放入玻璃杯中，然后倒入苏打搅拌均匀。

杏肉米酒

材料（容易做的量）

杏干……10 个
水……50ml
蜂蜜……2 大匙
米酒……适量

做法

1　制作杏肉酱。锅内倒入刚刚没过杏
　干的水（分量外），小火加热，一直
　煮到水分熬干，杏干膨胀变软。如
　果杏干还是发硬的话，中途可以加
　一点水。

2　杏干变软后，放入搅拌机或料理机
　中，加入蜂蜜和水，然后打成细腻
　的杏肉酱。如果用研磨盆或叉子做
　的话，需要将杏肉捣碎之后再加入
　水和蜂蜜。

3　再次把杏肉酱放入锅中，小火煮，煮
　制过程中要不停地用铲子搅拌，直
　至煮沸。

4　将热好的一人份的米酒倒入杯子，
　放入 1 大匙杏肉酱，轻轻搅拌均
　匀就可以饮用了（吃不完的杏肉
　酱可以装入洁净的储存罐中，放
　在冰箱的冷藏室中可以保存 3 天
　左右）。

　有些人因为米酒"太甜了喝不下去"，所以我才
尝试加入略带酸味的杏肉酱稍做调和。事实证明，这
种搭配好喝得让人上瘾。

　温热的米酒味道自然好，不过夏天的时候也可以
把米酒冷藏后再饮用，这样的喝法还能消暑。

焙茶中咖啡因的含量很低，所以晚上喝也没关系。据说温热的焙茶还有助眠的作用呢。做起来可能稍微有些费事，不过正是由于不直接使用焙茶的茶叶，而是将焙茶磨成粉末，这样的焙茶才会有不输牛奶的风味吧！

焙茶奶茶

材料（2 ～ 3 人份）

焙茶茶叶……一撮
水……100ml
牛奶……300ml
黄糖（或黑糖）……适量

做法

1 用搅拌机或研磨盆将焙茶茶叶磨碎
（或用厨房用纸将焙茶茶叶包起来，
用刀背像切东西一样将茶叶弄碎），
准备 2 大匙。

2 锅内倒水，中火加热至沸腾，然
后倒入磨碎的茶叶粉并关火，轻
轻摇匀。

3 接下来倒入牛奶，小火煮至沸腾
后，再继续煮 2 ～ 3 分钟。

4 倒入茶杯中，然后根据个人喜好
适量加入黄糖（可以适当地多放
一点糖进去，这样糖的甜味可以
中和茶的苦味，味道会更好）。

呼呼……味道
很温和。

《点心来了》百科

大家在参照这本食谱做点心的时候，如果有"是不是搞砸了"的担心，可以翻看一下这个小百科。

特别编撰这一部分的目的，是希望大家可以从失败中学习，同时萌发"再做一次"的冲动。该部分主要是由食谱中出现的"貌似很一般的说法却仍然很难理解"的地方，那些没怎么听过的专业术语，以及各种原因导致的失败等构成。作者本人现在还经常失败呢。

使用方法

例如，出现"寒天不凝固"这种情况，我们可能会疑惑究竟是哪个词语所在的环节出了问题。是"寒天"还是"不凝固"？这种情况下，不用考虑是由"寒天"引起，还是由"不凝固"引起，我们可以从任何一个词语着手查询。

记号所代表的意思

—— 　　　　查询目标词的代用词

→○○　　　请参考○○

例如○○　　请参考○○的例子

☞○○　　　哪种情况下会发生○○

【**扁桃仁粉**】扁桃仁粉是扁桃仁研磨加工而成的。除了买现成的，还可以用料理机自己做。扁桃仁粉含油量较大，如果想让点心润泽、口感丰富的话，建议使用。

【**混合**】没有"搅拌"搅的程度高。

快速—— 不同于左一下右一下慢慢地摆弄，而是快速地将全部材料混合好。

【**灰汁**】煮东西时煮出来的灰色的泡沫，尝起来涩、苦、麻。对于需要充分发挥原材料味道的烹制方法来说，煮出灰汁也被认为是

一种使食物变好吃的方法。

【**小豆**】可以用来做豆馅儿、红豆饭和甘纳豆等。由于颗粒较小，所以无须提前浸泡也可以煮得很好。

一颗—— 的大小　与一颗小豆一般大小。跟女人小手指的指甲盖一样大。想把食材切成较大颗粒的时候，经常使用这种说法。

【**滚烫**】形容热得不敢触碰。做葛粉抹茶布丁和太妃糖项链的时候，食材容易溅出，一定要小心烫伤。另外，盛装刚出炉蛋糕的模

具也要格外小心，以防被其烫伤。（为了防止烫伤，使用烤箱专用手套时可以先戴一双白手套。）

【贴着】—— 冰水 这个步骤对打发鲜奶油非常重要。盆内倒入冰水，然后再放入盛了鲜奶油的盆中，两个盆叠放在一起打发奶油。如果打发时温度不够低的话，脂肪会被分离出来，奶油也会变得干瘪。

贴着开水 →隔水加热

【孔】出现—— 好不容易烤好的威风蛋糕，却出现了一些大孔，好失望。我认为有以下几个原因：

开了个孔

①蛋黄和打发的蛋白混合不均匀 ☞ 为了避免消泡，要尽快搅拌，不过一定要搅拌至蛋黄和蛋白混合均匀。

②蛋白液打发不够 ☞ 蛋白液膨胀得很厉害，不过泡泡还比较大，不细腻。无须打至干性发泡的状态，即提起打蛋器蛋白液可以立起一个尖尖的小角。在这个状态之前，出现像鞠躬一样的小弯角就可以了。解决办法就是再稍微打一会儿。

③含水量过大。☞ 是否误用了大号的鸡蛋？是否加入了过量的果汁？如果觉得剩下的果汁倒掉太可惜，还不如喝了它。

扎出排气—— 为了防止曲奇饼干或派饼膨胀过度，也为了使内部更容易受热，提前用叉子扎出排气孔。

【油】本书中主要指菜籽油。

刷一层薄—— 为了避免坯体与模具粘连，少量地刷一层油。如果刷得太多，成品吃起来就会油乎乎，表面也容易出现斑块。一般的做法是少量地刷一点油，然后用厨房用纸抹匀。如果使用的是有特氟龙涂层或树脂加工的模具，也可以不刷油。

【溢出】煮牛奶时稍微不留神就容易溢出来，所以最好用小火加热并且在旁边盯着。

蛋糕坯—— 蛋糕糊是不是倒得太满了？往模具中倒蛋糕糊时，七分满就可以了。

【余热】散尽—— 指的是原本滚烫的食物逐渐变凉的状态。如果不等余热散尽就把食物放到冰箱里，会对其他食材造成影响。而我总是因为这个被妈妈训斥。

【锡纸】指的是可以把食材包裹起来，也可以盖到食材上，或者铺在模具中使用的薄金属制品。

包上—— 晾凉→晾凉

【创新】—— 食谱，但是最终失败了。刚开始做的时候最好完全按照食谱，慢慢熟练的话再试着创新食谱。

尝试创新，不过失败了。

【合并到一起】掺和在一起 → 搅和

【没打发】检查一下盆里是否有水或油？你的懒惰可一下子就暴露出来了哟！另一方面，放置时间较久的鸡蛋也很难打发。

【打发】指的是搅拌液体，使起泡膨胀。发泡方式有很多种。打发鲜奶油时过度发泡的话，奶油就会变得干瘪。→ 干瘪
由于有不同的打发方式，所以我将按照打发程度由低到高的顺序逐一介绍。

——变白 刚开始是食材本身的颜色，随着打发起泡，混入空气后颜色逐渐变白并且稍微膨胀，但不是完全膨胀起来。

——至出现像鞠躬一样的小弯角 提起打蛋

器时，打蛋器的头上出现像微微鞠躬一样的小弯角，打至这个程度就可以了。如果是鲜奶油的话，打发至涂抹在蛋糕表面或卷在薄饼中时不外流的程度就可以了。例如，第2页香蕉卷中使用的奶油、34页橘味戚风蛋糕中的蛋白液。

——至可以立起一个小尖角提起打蛋器时，打蛋器的头上可以立起一个坚硬的小角，并且不会弯曲。做薄饼时使用的蛋白液、蛋糕裱花时使用的奶油，都是这种。例如40页摩卡卷中使用的蛋白液。

【切成银杏叶状】→ 切

【噪音】笔者担心深夜做蛋糕时产生的噪音扰邻，曾经躲在壁橱中使用电动打蛋器。

【烤箱专用纸】为了防止食材、模具和烤盘等粘连而使用的专用烹调纸。蒸、煮、烤都可以使用，非常方便。还有一种可清洗的能反复使用的烤箱专用不沾布。→ 模具

【落盖】指的是水煮或腌渍食物时，直接盖在食材表面的盖子。可以使味道更好地渗入食材中，也可以防止食材直接接触空气，受到影响，能够完全覆盖容器的内部。如果没有专用的落盖，也可以在锡纸或烹调纸的中间剪开一些孔来替代专用的落盖。

【点心】日本江户中期以前，人们一天只吃两顿正餐。下午2点到4点之间的加餐，日语叫作"小昼"。后来，一天中其他任何时间吃的零食，都被人们叫作点心了。对笔者而言，点心就是随时都可以吃的零食。

【切刀】具有切开、刮抹等功能的手掌大小的硬板，主要有塑料材质和硅胶材质。对做点心来说，切刀和刮刀一样，都是非常方便的工具。

【火灾】将抹布捂到蒸锅上时，如果抹布的一角垂下来接触到火苗的话，就容易造成火势蔓延，引发危险。笔者的一位熟人就曾经历过这样的危险。所以，用煎锅等锅具加热食物时，一定要随时盯着。如果引发火灾的话就麻烦了。

【模具】点心做好以后从模具中取出，这最后一步是令人紧张的时刻。

例如34页橘味戚风蛋糕做好后，从模具中取出时的配图。

在模具中垫上烹调纸。如果不垫烹调纸的话，做好的蛋糕坯就很容易粘到模具或烤盘上（戚风蛋糕除外）。可以按照下面的步骤铺垫烹调纸。

①将烹调纸放到容器下面，观察容器的宽度。

②沿着长的那一边，将烹调纸上多出来的地方剪开口子。

③这就是剪开后的烹调纸展开的样子。

④把烹调纸多余的部分折起来，垫入容器中。

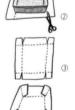

用锡纸包裹—— 如果是活底的蛋糕模具，除了在内部垫上烹调纸，还需要在模具外面包裹一层锡纸，防止蛋糕坯溢出。

例如22页香烤芝士蛋糕的配图。

用水快速打湿—— 做寒天或者果冻等需要冷却凝固的点心时，可以先用水快速将容器打湿，这样更容易从模具中取出。

【淀粉】主要由马铃薯制成，与葛粉的使用方法一样。

水溶—— 放入液体中以后会变浓稠。如果没有趁沸腾时加入，易结成疙瘩。

【硬度】煮化了的—— 指的是虽然已经煮

透，但是由于煮得过烂而失去形状的状态。用竹签可以不费劲地插进去，加热到这种柔软的程度以后再继续煮的话，食物就会从周围开始溶化，进而变得不成形。

像耳垂一样的——可以先捏一下自己的耳垂试试。这里说的大概就是这种软乎乎的感觉。也有点像脸蛋的感觉。这种硬度的食材，摸起来心情很好。

【没凝固】寒天——凝固之前是否煮透？我建议大家在煮沸之后再适当加热2分钟左右。然后再确认一下需要加入的量是否准确。

巧克力——是否加了过量的酒或水？根据个人口味和随心所欲，可是两种完全不同的概念啊。这一点真的好难把握。

【硬邦邦】——的点心 指的是加了面粉之后过度搅拌或者加了过量的面粉，导致做好的点心变硬的状态。确认一下是否弄错了食材的用量。

【包裹】为了堵住物品和物品之间的缝隙而紧紧地塞入某物。

——抹布 → 蒸

【干炒】指的是不加水和油，在煎锅中加热。想炒出香味或烘干食材中的水分时，可以使用干炒的办法。——坚果

【皮】剥掉烤甘薯的——热腾腾的刚出锅的烤甘薯去皮时，可以用手指边蘸水边剥，也可以用一块抹布垫着剥皮。

【罐】流——使食材冷却凝固的模具。主要用于做蛋羹和软羊羹等。有一些流罐模具并不适合烤箱使用，所以用之前务必确认。

【寒天】这是由石花菜制成的食材。含有大量食物纤维，可使液体凝固。如果是棒状的寒天，那就先用水泡软后再用，如果是粉末状的，可以直接使用。寒天室温下就可以溶化，

无色无味，用起来非常便利。

——没凝固 → 没凝固

——粉 → 粉

【切碎】——成小块 切得太碎的话吃起来就会有种没有满足的感觉。所以最好切到吃起来有颗粒感的程度。

——成粉末 如果是巧克力，可以像削铅笔一样，切成细碎的薄片，这样更容易导热，很快就可以融化。还有一点也很重要，就是不要切得大小不一。例如12页小鹿松露巧克力、34页微甜巧克力蛋糕。

【点心坯】——溢出 → 溢出

——开裂 做摩卡蛋糕时，如果蛋糕坯上有斑块或厚薄不匀，或冷却时变干的话，就容易出现开裂现象。所以烤之前应该把蛋糕糊均匀摊开，并且冷却时需要包上一层保鲜膜防止变干。

——不成形 注意一定要把茶匙里里的水和油一滴不剩地加进去。做煎包和派的时候，我们通过醒面使面团湿润成形，这时就算仍然有一小部分发干也不要紧。另外，如果只把水集中倒在面粉的某一处的话，也会出现只有这部分吸足了水分，而其他部分仍然干燥的情况，易导致面团不易成形。这种情况下我们可以适当加水，使面达到像耳垂一样的柔软程度。做曲奇饼干的时候，我们可以适当调整水量，做出手感湿润顺滑的坯体。如果坯体中水分不够，烤的时候很容易出现开裂现象。

——太软 如果坯体的样子看起来跟正常的明显不同，我们就该想想是否把食材的用量弄错了。这个时候我们完全可以把它们当作另外一款点心来做。如果做的是曲奇饼干、派或煎包，坯体太软的话，擀的时候我们可以在上面铺一层保鲜膜，或撒一些手粉，这个问题很容易就可以解决了。如果直接在坯体中加一些面粉的话，做出来的点心口感会比较硬，

只能作为最后的办法。另外，坯体太软也可能是加水太多导致的。

——醒面　醒面的作用很多，通过醒面，可以使面粉中所含的谷蛋白（使面团发黏的成分）稳定下来，方便后续的操作，也可以使蛋糕坯的质地更均匀，口感更好。如果蛋糕坯中含油的话，醒制会使油分渗出，所以此步骤并不适合洋葱饼干。

【细腻】使——　打发鸡蛋时，在最后阶段用电动打蛋器低速打发，或者用打蛋器搅打，可以使泡泡变得细腻。做黄油曲奇时，如果想做出柔滑的感觉，也可以用这种方法轻轻地揉面。

【过度膨胀】水果干——　将水果干放进酸奶的时候，是否因为偷懒而没有将水果干切成一口的大小？

【切】——戚风蛋糕不要以从上往下按压的方式切，而是应该像拉锯齿一样，前后使劲，这样蛋糕坯不
容易破损。这种切法基本上适用于所有的蛋糕和面包。除此之外，还有很多种切法。

——摩卡卷　对于含奶油的蛋糕，我们可以先把小刀（菜刀）在开水中烫一下，然后擦干，再像切戚风蛋糕一样去切，这样切口会非常漂亮。

——成一口大小　指的是一口吃下去刚刚好的大小。

——成圆片　对于切口呈圆形的食材，直接切就能切成圆片。

——成半月形　指的是把切成圆片的食材分成两半的切法。先将食材一分为二，然后再切就能切成半月形了。

——成银杏叶状　指的是将半月

形的片再一分为二的切法。由于切出的形状跟银杏叶很像，所以叫作银杏叶。先将食材用切十字的方式切开，然后再切就是银杏叶形了。

——丁　指的是切成像骰子大小的方块。

【葛粉】由葛根干燥晾晒而成。具有使液体凝固的作用。据说葛粉可以使身体变暖，所以经常被用作中药。

【变形】指的是形状受到破坏的样子。刚烤好的饼干很容易变形，所以烤好以后不要动它，先让它在烤盘上晾凉。

煮——　指的是食材煮过以后周围溶化、不成形的样子。检查一下看是否是火太大？是否触摸过多？

【曲奇】曲奇和饼干的区别就在于是否需要揉面，需要揉面的就是曲奇。也可以说这是英式英语和美式英语的区别。关于这一点好像有很多种说法。笔者不太拘泥于名字的区别，只是对两种点心抱有不同的印象，曲奇是"沙沙沙沙"，饼干是"咔嚓咔嚓"。

【烹调纸】→烤箱专用纸

【味重】指的是味道过浓的感觉。不管做什么，如果调味料添加过量的话，都会出现这个问题。

【结晶化】指的是通过搅拌使砂糖变白变硬的现象。即使结晶看起来像发霉了一样也不需要担心。

味道过浓

【冰水】贴着——　→贴着

【烤焦】做太妃糖和葛粉布丁时一不小心，或者烤箱的温度过高，烤制时间过长，都容

易导致烤焦变黑，吃起来会有股苦味。如果只有锅底那部分烤煳的话，就轻轻地把没有烤煳的部分取出来。注意，如果混进去烤焦部分煳味儿就会散开，这是完全不可能修复的！如果做的是曲奇或蛋糕，可以把烤焦的部分切掉。总之适当放弃也很重要。下次遇到这种情况可以试试这个方法。

【椰】——汁　取熟透的椰子，刨出白色的果肉，在果肉中加适量开水，然后使劲揉搓，挤出果汁。放到食材中会让人感受到南国风味。另外，放到咖喱中也非常好吃哦！

——粉　由椰子汁干燥而成。可以用它来替换一部分小麦面粉，不需要过多水分时，也可以用椰子粉代替椰子汁使用。

——蓉　由椰子的果肉切碎干燥制成的碎颗粒。做曲奇时放一点，吃起来会感到适度的张力，香味也会更加浓厚。

——丝　比椰蓉的颗粒稍长一些。

【过滤】指的是将液体中混入的疙瘩、渣滓等，用筛子或纸等去除。

用筛子——　近似于筛入的作用。由于过滤掉了疙瘩，口感会变得很好。做葛粉抹茶布丁时，加热之前认真过滤一遍，这样口感会更加爽滑。

【粉】寒天——　粉末状的寒天。用起来十分方便。

气——　有颗粒的感觉。看上去面粉还有一些颗粒。

——劲儿　水分不足、加热不够的感觉。

撒——　指的是擀点心坯时，为了避免坯体粘在擀面杖上而稍微撒一些手粉。手粉撒太多的话，做好的点心口感会变硬，所以一定要控制好手粉的用量，也可以在坯体上面铺一层保鲜膜再擀。

筛——　→ 筛入

手——　指的是制作过程中为了防止点心坯发黏而撒的面粉。也叫打粉。

【喜好】——的量　并不是随心所欲想怎么样就怎么样的意思。起码也要符合常识。

根据个人——　喜欢的话就可以这么做，不喜欢的话不做也行。

【倒出】指的是内容物流出。

焯水后——　煮好后倒出水，只留下煮的东西。小心烫伤。

【米曲】做米酒时使用。

【炼乳】含糖——　我小时候经常妄想一个人独占的东西。与含糖炼乳（condensed milk）相对的是无糖炼乳（evaporated milk）。

【切丁】→ 切

【酒糟】做日本酒的时候，从醪中挤出酒后剩下的白色渣滓。具有浓厚的独特风味。可作为甜米酒和醪糟的原料，加到曲奇和蛋糕中也非常好吃。

【加水】指的是煮东西时需要补充的水分。另外，煮面和煮豆的时候，为了防止开水溢出，也需要加水，也叫作点凉水。

【快速】指的是一瞬间发生的事情。

——混合　→ 混合

【晾凉】热量散去。

倒扣在空瓶上面——　用于冷却戚风蛋糕。晾凉时，将模具倒扣过来，把空瓶子插入模具中间的洞里。这时，蛋糕坯似乎要从模具中脱落出来，又好似粘在模具上掉不下去，就这样在"掉下去"与"掉不下去"的博弈中，蛋糕坯达到了蓬松自然的最佳状态。如果缺少这个步骤的话，蛋糕吃起来就会发紧发硬。例如 34 页橘味戚风蛋糕。

包上锡纸——　预防干燥以及想要做出比较湿润的效果时，需要先包上锡纸再晾凉。如果趁热包上锡纸的话，水蒸气会把坯体打湿，所以要等热量散去后再包。轻轻地覆盖在坯体上面就可以了。锡纸和保鲜膜都具有这个功效，不同的是，锡纸用于稍微硬一点的坯体，而保鲜膜则用于稍微软一点的坯体。

在烤盘上—— 指的是将烤好的曲奇从烤箱中取出时，不直接拿出曲奇，而是继续把曲奇留在烤盘中散热。利用烤盘的余热将饼干中的水分烘干。

盖上保鲜膜—— 冷却摩卡卷的蛋糕坯时，轻轻地在上面盖一层保鲜膜以防干燥。

【冷却】从滚烫的状态变成微热，然后到完全冷却的状态。

【浸】——水 →水

【筛子】主要是指眼儿比较大的金属网筛。用于沥水、过滤和筛面粉等。

冷却

【自然】——盐 指的是未经化学加工的盐，含有较多盐卤。也被称为天然盐。

【室温】恢复到—— 从冰箱冷藏室中取出的食材，使其恢复到接近室温以方便使用。使用黄油、奶油奶酪、鸡蛋等食材时，经常需要这个步骤。笔者小时候由于没有耐心等待黄油回温，直接把黄油丢到微波炉中加热，结果彻底搞砸了。

【肉桂】味甘，有刺激性味道和香味。喜欢和讨厌的人都不少。是剥掉肉桂树的树皮后风干制成的，也被叫作干桂根皮、桂皮。

【煮沸消毒】使用储存罐时的消毒方法之一。将耐热的罐子放锅内，加足够的水煮沸，然后取出罐子自然风干。如果没有完全干燥就使用的话，容易滋生细菌。

【香辛料】有刺激感。

【切片】切成圆片。
将摩卡蛋糕卷—— →切

【磨碎】用创丝器等工具使劲擦食材表面，以获取汁水和皮等。如果需要食材含较多水分的话，建议不要使用孔比较粗大的创丝器，最好选用细密一点的。用创丝器擦取柠檬、橘子等柑橘类水果的表皮时，不小心擦到皮里面白色的络状物会导致点心发苦，一定要小心。还有一种芝士和果皮的专用创丝器，叫作grader。

【竹签】指的是竹子做成的像加长的牙签一样的细细的小棍。通过将竹签插到点心坯中间（最厚也最难烤透的地方）的方法，来检查点心坯是否做熟。一般情况下，拔出竹签时只要没有带出黏糊糊的东西，就表示基本做熟了。另外，竹签可以很好地应付那些手够不到的犄角旮旯，简直跟痒痒挠一样方便。

【食用的最佳时机】指的是点心最好吃的时刻。如果不小心错过最佳时机，就有点可惜了。比如松饼要趁热吃，而芝士蛋糕则需要冷藏一晚上再吃。玛德琳和麦芬，要等到没完全凉透的时候吃。

最好吃

【疙瘩】指的是面粉里未被过滤掉的疙瘩。一般情况下，过筛后的糊里即便有一些肉眼可见的疙瘩，在烤制的过程中也会逐渐散开。不过，像可可粉和抹茶粉等颗粒比较细腻的食材，用孔比较大的筛子筛的话，还是容易出现结块现象。

→ 筛入

【茶巾】拧绞—— 指的是将泥状的食材放到布里拧绞。我们也可以用保鲜膜来代替布巾。把食材包好，拧绞以后，去掉保鲜膜，收口处会出现拧绞的褶皱形成的角。

【巧克力】指的是以可可豆为原料，加砂糖凝炼加工而成的食物。有糕点专用的巧克力。本书中提到的巧克力，使用我们平时吃的巧克力就可以。

切碎巧克力 → 切碎

【容易做的量】少量制作时采取的说法（如做糖浆或馅料等）。

【包】用薄膜、纸或点心坯等，将整体覆盖住。→ 锡纸 → 晾凉

【包不住】指的是往煎包的皮里包入过多的馅料导致包不住的现象。另外，如果收口处的皮上沾了水或油，也会失去黏性导致包不住。

【小角】立起一个—— 指的是将打发好的蛋白糊或奶油提起来时可以立起来一个小角的状态。→ 打发

笔者以前做完点心以后经常随手把工具扔在一边不闻不问，气得妈妈像身上长了角一样发怒。

【弄碎】粗略地—— 把食材弄碎，但是稍微保留一点食物原来的形状，这样吃的时候能够体味到食物本身的口感。而且，用叉子把食物弄碎，还可以提升食物的朴素感。

【光泽】呈现出—— 指的是为了让食物看起来更好吃，使食物呈现出一种光泽感。

有光泽

【适量】在常识范围内，根据个人喜好添加适当的量。

【手粉】→ 粉

【特氟龙】指的是氟树脂。常用于煎锅等锅具的加工技术中。这种材质非常光滑，不易粘锅。不过做戚风蛋糕时，不建议使用加特氟龙的模具，因其太过光滑不易使蛋糕坯膨胀起来。

【甜菜糖】含有大量的低聚糖，多产于北海道。据说比起蔗糖，这种糖的寒性更小。不过也要注意不能多吃。

【烤盘】指的是烤箱自带的金属材质的盘子。

放在烤盘上晾凉 → 晾凉

【豆腐】将大豆放在水中弄碎，榨出汁（豆浆）后加热，然后加卤水凝固而成。其中，绢豆腐是口感细腻爽滑的豆腐，木棉豆腐是口感稍粗糙的豆腐。本书中，为了能够更好地发挥豆腐的风味和口感，特别推荐使用木棉豆腐。

【咕咚】指的是倒扣冷却戚风蛋糕时，蛋糕意外滑落到地上发出的声音。笔者刚开始试做的时候，屡次听到背后发出"咕咚"的声音，然后扭过头一看，原来是戚风蛋糕从模具中滑落下来滚到了地上。蛋糕中水分含量过多的时候容易发生这种情况。

【调】——味 调出自己认为最好吃的味道。

【黏稠】使—— 指的是使液体变成浓稠的状态。不过太粘的话会呈现软泥状。→ 淀粉 → 葛粉

【锅内侧】从——剥落下来 随着液体煮干，渐渐地会从锅边上脱落，转而向锅中间聚拢。

例如第7页太妃糖的配图。

【生/鲜/爱答不理/半生不熟】——奶油 从牛奶中分离出来的新鲜的奶油。味道浓厚而丰富。→ 发泡

——鸡蛋 大家尽量多使用新鲜的食材吧！

——坚果 未经干炒加工过的坚果。做点心时尽量选取不含油、盐的生坚果，这样炒好的坚果可以根据个人喜好调味，然后添加到点心中。

爱答不理

——的回答　如果一味地沉浸在做点心的乐趣中，对他人的话爱答不理可不行哦！

烤得——　没有彻底烤透。用竹签或者牙签插一下，如果拔出时带出来黏糊糊的东西，就证明没有烤透。面粉含量多的、厚重一点的蛋糕坯，需要多烤一会儿。因此，熟悉自家烤箱的脾气也很重要。

【顺滑】溶化——　形容结块消失，不易挂壁的柔滑状态。

直到变——　形容结块消失，很容易搅开的状态。

搅拌至——　→ 搅拌

【果把】果实的果蒂部分。清洗以后如果不认真擦干的话，很容易滋生细菌。

【苦】是不是烤煳了？或者放了太多泡打粉？有时候把大匙和小匙弄错导致用量不准确，也容易出现这样的情况。

【煮干】指的是一直煮到水分完全蒸发。

【乳化】使——　指的是把两种互不相溶的液体强行放到一起搅拌。也适用于公司的人际关系！做色拉调料时，经常用这种方法使水和油混合在一起。不过时间一久，液体还会分离的。

乳化

注：把两个不同类型的人强行安排到一起。

【和面】像使劲儿蹭一样地——　指的是像往盆边或案板上用力顶一样地揉面。这样可以把面团中的空气挤出，使面团光滑起来。

【牙齿】——不全　曾经有人因为吃了笔者做的点心而弄掉了牙齿。

【剥落】→ 锅内侧

【取出】从模具中—— → 模具

【取不下来】指的是粘在烹调纸上很难取下，或者蛋糕糊从模具中溢出导致取不下来。如果是布丁或寒天，可以用小刀插进模具的内侧转一圈，使空气进入，这样就可以轻松取下来了。→ 模具

【方形平底盘】指的是纵深略浅的方形容器。一般为搪瓷和不锈钢制品。偶尔可以取代模具，或者用来准备食材，都很方便。

在盘上铺烹调纸 → 模具

用水快速打湿—— → 模具

【葡萄醋】指葡萄经发酵制成的醋。比普通的醋味道浓郁，适用于个性突出的食材。

【切成半月形】→ 切

【洋葱】→ 曲奇

【一口大小】→ 切

【体温】接近——　指的是接近人体体温（36℃左右）的温度，可以感觉到一点温热。

【开裂】→ 点心坯

【冷却】将蛋清放入冰箱冷冻室——　打发蛋清之前，先将蛋液倒入盆中，然后放入冰箱冷冻室中冷却5～10分钟，这样更容易打出细腻的泡泡。你是否提前在冷冻室中收拾出放盆的地方？

在冰箱冷藏室中——30分钟。做摩卡卷的时候，为了让蛋糕坯与奶油更好地贴合在一起，不容易散开，也需要冷却的步骤。

需要冷却

【果酱】指的是捣碎水果，然后熬干做成的酱状食品。如果没有放到洁净的储存罐中，很容易滋生细菌。

【果酱状】形容形态接近果酱的样子。

【料理机】用料理机粉碎干燥的固体食材非常方便。不过用料理机粉碎过小或者过大的食材时就不太方便了，所以，购买之前一定要考虑好你主要用它来处理什么样的食材。

【胖】做好的点心全部一个人独享的话，很容易吃胖了。

【筛入】使用粉末类的食材时，如果不提前过筛，会因为有疙瘩而影响口感（曲奇和派例外）。→ 疙瘩 如果想让空气进入的话，可以在盆和筛子中间隔开一拳的距离。要是不喜欢面粉四处乱飞，也可以用一张大一点的纸来代替盆。

胖

【筛】→ ——入

【分离】指的是食材被分成两种不同的部分。常见于水和油、松软的点心坯和硬实的点心坯等。

分离

【分量外】指的是食谱中注明的用量以外，需要适当添加的量。

【蓬松地】用保鲜膜——覆盖上 如果是非常松软的点心，紧紧地把它们包起来很容易把点心坯粘掉或者弄破。所以在包的时候尽量留有余地。

【泡打粉】指的是可以使食材膨胀的粉末。分含铝和无铝两种。不管是哪一种，都要注意千万不要使用过量。如果用得太多，你会被那种不可思议的味道吓到的。发酵粉、小苏打。→ 苦

【蒂】指的是果实花萼的部分。

【打散】没必要做到打发起泡的程度。只需要使其溶解、不粘连就可以了。

【干瘪】指的是奶油过度打发，或未经冷却直接打发造成水油分离的状态。这个时候少量地加一些鲜奶油就可以挽回局面（所以打发奶油之前稍微留一点也是个好办法。）如果想放任不管继续打下去的话，可以在最后放一点盐，这样就可以做出黄油。→ 打发

【保存】——不能马上吃完的点心，如果不好好保存的话，很容易受潮、变质。不同的点心有不同的保存方法，像曲奇之类比较干燥的点心，需要与干燥剂一起放到容器中，在阴凉处保存；对于水分含量高的蛋糕类点心，应该包上保鲜膜放到冰箱中冷藏。保存糖浆时，需要准备一个煮沸消毒过的洁净的罐子。话虽如此，我还是推荐一次少做一点，尽量一次性吃完。

【罂粟籽】罂粟结的籽。有放到面包夹心中的白色罂粟籽和用于蛋糕的蓝色罂粟籽（blue poppyseed）两种。如果在超市中的点心专区找不到的话，可以去香辛料专区找找看。

【搅拌】虽说都是搅拌，但是根据做的点心的不同，搅拌的程度也不一样。如果一味地按照同一种方式搅拌的话，做出来的东西未必都能达到预想的效果。另外，搅拌的时候在盆的下面垫上一块湿抹布可以防止滚落，这样操作起来就更省心了。

轻轻地搅和在一起 没必要使食材完全混合在一起，即便是能看出食材原来的样子也没关系。

轻松地—— 不需要用力，仅需用刮刀轻轻划几下就行。

粗略地—— 不要一个劲地搅拌。粗略地进行。

从下往上—— 混合面粉和蛋白液时的基本动作。左手持盆，往靠近自己的这边倾斜45度，一边转圈，一边右手拿刮刀，像舀起蛋糕糊

一样从底部向上搅拌。

好不容易打发的蛋液，不想它消泡的话就用这种方法。

擦着底—— 就像蹭擦着盆底一样地搅拌。不同于发泡，把砂糖和鸡蛋擦着搅拌。

不停—— 为了防止烤煳或担心结成疙瘩时，需要不停地搅拌。

快速—— 为避免因搅拌时间过长导致消泡，须快速搅拌。不过搅拌的时候既要注意速度，又要尽可能在较短的时间内搅拌均匀。

——顺滑 不要粗暴地搅拌。

为了不散开—— 指的是为了不弄碎而尽量粗略地搅拌。

充分—— 指的是使所有食材尽可能融为一体的搅拌方法。

【团不到一块儿】→ 点心坯

【搅拌机】指的是把果实、蔬菜和豆腐等各类食材磨碎的电动设备。跟料理机同属一个类别。不过因其具有良好的密封性能，多用于处理水分含量较高的食材。

【水】沥出（酸奶中的）—— 将酸奶倒入与过滤器配套的滴滤式咖啡壶，或铺了厨房用纸的筛子等器具之中，使乳清（乳脂以外的水分）

漏到下面的容器中，做成像奶酪一样的东西。再加上果酱或者蜂蜜，单单这个就够撑场面了。

控干—— 把多余的水分用筛子过滤掉，或者甩掉，还可以用纸巾吸干。

使——蒸发 加热使水分蒸发。

过一下—— 放入盛水的容器中浸湿，或者在流动的水中过一下。

洒—— 为了使点心坯团在一起而加水时，只集中把水加到某一处的话，会出现只有那一处充分吸收了水分，而难以使整个点心坯都团在一起的现象。所以加水的时候，尽量转着圈淋入，使水均匀地分散到各处。

【粉碎机】用于磨食材粉末的时候。比起直接使用焙茶，将焙茶磨碎后再使用的话更容易出味儿。

【烘焖】指的是用煎锅烧东西时，一边续水一边烧的方法。想要做出蓬松香浓的点心时常使用这种方法。

【蒸】指的是通过水蒸气使食材熟透。如果没有蒸锅，可以在锅内加入开水，然后放一个蒸架，上面摆放好食材即可。蒸蛋糕的时候，可以直接将盛蛋糕的容器放到锅里，然后注入热水至容器一半的高度就可以了。不管是蒸锅还是一般的锅，都要用抹布塞住锅盖和锅体之间的缝隙。→ 塞入 如果不塞抹布，用蒸锅或普通锅蒸的时候，蒸气凝结的水珠会滴落，从而打湿食物。用抹布包裹锅盖时，应该提前把两头打成死结，这样抹布附近不容易被火苗引燃，才会令人放心。锅烧干的话有引发火灾的危险，一定要格外注意。

【有弹性】形容弹力满满的样子。

【弹力满满】形容紧致有弹性的样子。

【擀面杖】擀点心坯时使用的工具。研磨杵或保鲜膜的卷芯都可以作为擀面杖的替代品。

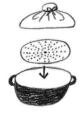

【厚重】形容打发时，液体逐渐变浓稠，手感到费劲、发重的状态。

【筋道】指的是有弹性
又有重量的感觉。

【受欢迎】形容很有人
气。顺便说一下，本
书中的"人气单品"指的是像摩卡卷和微甜
蛋糕之类的点心。

受欢迎

【恢复】恢复松软的状态 对于奶油奶酪而
言，所谓的恢复就是凝固状态下手指可以
轻松按进的程度。

【溢出】奶油从旁边——
是否打发不够，奶油
太稀了？或是否奶油
涂得太多了？

【烫伤】→ 滚烫

【隔水加热】不直接用火加热，而是在加了
开水的盆或锅里间接加热。如外层的盆太
大，开水容易溢到内层的食材中，所以最好
选取两个大小差不多的盆叠放在一起使用。
如果使用刚煮开的水加热的话，内部的食材
可能会变质，所以比较理想的是 50 ~ 60℃
的热水。隔水加热对融化巧克力和黄油来说
非常方便，用同样的方法加冰水，对打发鸡
蛋也很有用。

【煮】用大量的开水煮。

【洋酒】从西洋进口过来的酒。

【醉】放了太多洋酒的缘故。可能是尝味道
的时候没把握住放了太多洋酒。

【预热】为了可以直接用指定的温度烤而提
前预热烤箱。如果不预热的话，就会花费更
多的时间烤，甚至有可能烤得半生不熟。另
外，如果在烤制期间反复打开查看，也会导
致温度骤降。

【余热】食物残留的热度。

【保鲜膜】食品用的塑料保鲜膜。

盖上——晾凉 → 晾凉

【朗姆葡萄干】干燥的葡萄干经朗姆酒腌渍
做成。可用于蛋糕和冰激凌的装饰。

【蛋清】鸡蛋的蛋白部分。

将——放到冰箱冷冻室中冷却 → 冷却

【阴凉处】没有阳光直射的阴凉地方。曲奇、
坚果、水果干等食材需要放在阴凉处保存。
梅子糖浆罐等可以放在走廊或厨房远离火源
的地方等。一定要避开阳光直射哦！

【冰水】指的是加冰的水，提前冷却好的水。

过一下—— 提前准备好冰水，将煮过的食
物放到里面。做糯
米团子时过一下冰
水，吃起来口感
会更加紧致软弹。

【切成圆片】→ 切

阴冷处

【瓤 / 络】形容软乎
乎的结块。

南瓜—— 指的是中心部分与种子密密麻麻
结在一起的须状物。不可食用。

橘—— 刮取橘皮做点心时，如果连橘络部
分都一并刮掉的话会有一股苦味，所以尽
量只刮取橘子的表皮部分（也有例外，像
小夏、日向夏[1]这样的橘子的橘络就很甜
很好吃）。

【分开】沿着裂缝—— 太用力的话可能会
在裂缝以外的地方开裂。所以不要太用力，
尽量沿着裂缝用手轻轻掰开，这样出来
的形状就很漂亮。例如，36 页洋葱饼干。

【开裂】点心坯—— → 点心坯

---

1 九州岛宫崎三宝之一"日向夏"浅绿橘子

点心是自由的
——最终篇，回归起点——

　　小时候，有一位亲戚家的奶奶在我家帮忙。有一次她看到我和姐姐饿着肚子从培训班回来，于是就给我们做了小小的"黑芝麻盐饭团"。其实就是简单地把黑芝麻、盐和米饭混合在一起，然后再捏成饭团而已。不知为何，竟然那么好吃，不仅松软，还带股甜味儿，以至于后来我又多次拜托老奶奶给我们做这种饭团。

　　另一个就是我以"foodmood"这个名字开展工作之前，在西餐厅工作时吃过的点心。忙碌的午餐高峰期结束，开始准备夜间工作，忽然意识到肚子饿了，这个时候我一定会做"芝麻油拌饭"。在小碟子里盛一点剩下的米饭，然后淋上芝麻油，再撒上酱油和黑胡椒碎。这顿饭简单到站着就可以吃，但它的美味却渗透全身。

　　在我看来，黑芝麻盐饭团和芝麻油拌饭都是我关于点心的最重要的回忆。不管

是甜的还是咸的，不管怎样吃，都是自由的。现在，我再次认识到，对我而言，真正的点心是"两餐之间吃的令人心生安稳平静的食物"。

此次趁写作本书之际，我与我的员工一起试做并且品尝了许多点心。我们每次都事先准备大量的焙茶，然后大家围着餐桌边吃边聊，就好像小时候全家人围在一起享用点心的时光重现一样，充满温情又悠然自得。

不论何时，无论与谁，请尽情享受这美好的点心时光吧！如果这本书能陪伴在您左右，我将无比荣幸和欣慰。

图书在版编目（CIP）数据

点心来了：中岛老师的美味手帖 /（日）中岛志保

著；吕静文译 . -- 北京：中国友谊出版公司, 2019.9

　　ISBN 978-7-5057-4667-1

　　Ⅰ . ①点… Ⅱ . ①中… ②吕… Ⅲ . ①糕点—制作

Ⅳ . ① TS213.23

中国版本图书馆 CIP 数据核字 (2019) 第 057063 号

版权登记号：01-2019-0885

OYATSU DESUYO Kurikaeshi Tsukuru Watashi no Teiban Recipe-shu by
NAKASHIMA Shiho
Copyright © 2010 by NAKASHIMA Shiho
All rights reserved.
Original Japanese edition published by Bungeishunju Ltd., Japan,2010.
Chinese (in simplified character only) translation rights in PRC reserved by
Ginkgo (Beijing) Book Co.,Ltd., under the license granted by NAKASHIMA Shiho,
Japan arranged with Bungeishunju Ltd., Japan through Bardon-Chinese Media
Agency,Taiwan.

Photographs by KAMAYA Hirofumi
Illustrations by SHICHIJI Yu

本书中文简体版权归属于银杏树下（北京）图书有限责任公司。

书名	点心来了：中岛老师的美味手帖
作者	[日]中岛志保 著　吕静文 译
出版	中国友谊出版公司
发行	中国友谊出版公司
经销	新华书店
印刷	天津图文方嘉印刷有限公司
规格	889×1194 毫米　32 开
	3 印张　48 千字
版次	2019 年 9 月第 1 版
印次	2019 年 9 月第 1 次印刷
书号	ISBN 978-7-5057-4667-1
定价	38.00 元
地址	北京市朝阳区西坝河南里 17 号楼
邮编	100028
电话	（010）64678009